卡哇伊
立體造型饅頭

零模具、無添加、不塌陷　創意饅頭全攻略

造型饅頭女王 **王美姬** —— 著

把對家人的愛，揉進饅頭裡

大家好，我是美姬，自小在北國風光、千里冰封、萬里雪飄的內蒙古出生長大。在以小麥為主要作物的北方，饅頭是真正的家常便飯，早餐、午餐、晚餐，餐餐都要與饅頭為伍。媽媽是山東人，更是特別擅長中式麵點，從小我就愛依偎在媽媽身旁，看著她用雙手和麵做饅頭，天然帶著清香味的饅頭，一直是我最愛的食物單品。

為愛做饅頭 不怕 NG

12 年前，為了愛嫁來台灣，因為先生愛吃甜點，加上自己對烘焙有興趣，於是認真地學習了西點烘焙，也考上證照。但因為西點的熱量和糖分都比較高，當了兩個孩子的媽媽後，更希望孩子吃得快樂又健康，再加上思鄉之情，於是開始研發「天然、健康、療癒」的造型饅頭。這一栽下去，挑戰的竟是中西點裡完全沒有人做過的最難課題—立體造型饅頭。一般市面上的饅頭，不外乎是圓的、方的，口味雖然也多，但是我想做的卻是結合西式翻糖蛋糕的做法，可以透過捏塑、色彩等，將饅頭做出不同的造型，讓平凡無奇的白饅頭，透過我的用心創作，做出一顆顆讓人大呼「卡哇伊」的立體造型饅頭，完全顛覆大家對饅頭的刻板印象。但是製作造型饅頭並不容易成功，因為中式麵糰和翻糖材料不同，非常難塑型，也不易組合，且無時無刻都在發酵中，麵糰攪拌的軟硬程度、滾圓的力道、創意黏合、蒸煮掀蓋等過程中，稍一有不慎，就會蒸出變形塌陷的 NG 饅頭。因此每一個成品，都是經過數十次，甚至是上百次的實驗才成功。

授人以魚，不如授人以漁

曾經為了做出最白拋拋、最澎皮的造型饅頭，連續工作 40 幾個小時，只為找到饅頭塌陷的原因；也曾為了一個造型總是無法順利完成，而不眠不休地做了近百次，現在手裡成功的造型已超過百種，但「生活處處是創意」，也「處處是美」，創意饅頭仍不斷有新品出現。經過一段時間的經驗累積，成立了「蔻

食手創立體造型饅頭工作室」，開始販售我的創意饅頭，沒想到一推出，就大受好評，同時也因為造型可愛、工法細緻，吸引了不少媒體的採訪，對於大家的支持，讓我深深感動。

然而每每在銷售過程中，因為手工製作產能有限，很多小客人都排不到他們想要的可愛饅頭，於是我想「授人以『魚』，不如授人以『漁』」，為了讓更多人認識這款全新的食品品項，也經過數萬顆手作立體造型饅頭的洗禮後，我開始展開教學分享，目的是不希望大家像我之前一樣辛苦摸索。在教學過程中，每每看到學員認真揉麵、努力塑型的表情，都深受感動，大家為了自己心愛的家人，努力地做出健康無添加的可愛造型饅頭，當成品出爐時，看著每位同學滿足的笑容，我自己也樂在其中。

親子同樂 造型饅頭捏捏捏

做立體造型饅頭過程像玩黏土，非常適合親子同樂，成品拿來當早餐、點心、下午茶都非常適合。這本書集結了美姬幾年來創作的多款經典造型，每一款都是我的最愛，無論是以假亂真的水果造型饅頭，還是一隻隻不管大人小孩都大呼卡哇伊的動物造型，每個造型的比例都經過數次的實驗才得以完成。書中的圖片非常多，目的就是希望大家可以成功做出理想的作品，希望您和孩子可以盡情享用這本書，用最安心的食材，把對家人的愛揉進這一顆小小的饅頭裡面。

最後特別感謝我的出版社，謝謝你們那麼用心地製作這本書，也謝謝所有支持蔻食的朋友給我歷練的機會，更感謝家人對我的支持，謝謝大家，因為有您們的支持，是美姬不斷努力的原動力，未來，我將更努力設計出更多可愛又有趣的創意饅頭，敬請期待！

contents
目錄

新手必看！

一顆顆有故事的饅頭

PART **1** 動物篇——22

超萌、超卡哇伊！
讓你想抱在懷裡的動物王國！

創意饅頭由淺入深 難易度一覽表

PART 2 水果篇 ——82

超級仿真！
讓你食指大動的水果拼盤！

PART 3 可愛造型篇——106

太可愛了！怎麼辦？！
撒花加尖叫的可愛造型饅頭！

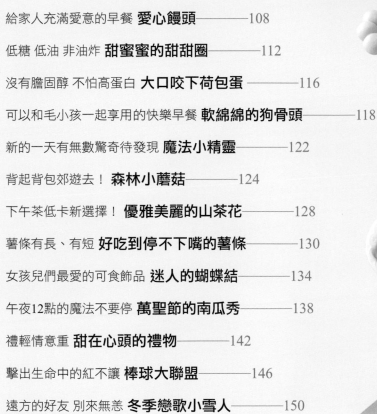

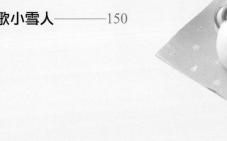

超萌、超可愛、超好吃
百變立體造型饅頭

什麼是立體造型饅頭？

圓圓方方的饅頭大家都知道，可是說到立體造型饅頭，大家就會失去想像力。即便是實品擺在眼前，還是有人會問：「這真的可以吃嗎？」

因為一顆希望孩子吃得健康又快樂的媽媽心，Maggie開創了手作立體造型饅頭，初衷很簡單，就是希望回歸到生活的根本，給家人吃天然健康好食物；加上造型饅頭可以激發孩子的創意，幫助孩子的小肌肉發展，因此當然就一頭栽進立體造型饅頭世界裡，也因為如此，家裡每天都有好吃又療癒的快樂早餐！

有如製陶的造型饅頭

老祖宗3000年前一定想不到後人會把饅頭玩成這樣，利用中式麵糰的黏性，結合捏塑的技巧，搭配發酵麵食的特性，製作出可愛天然無負擔的立體造型饅頭。

麵糰（陶土） 製作造型饅頭的過程，就如捏陶的製程一般。麵糰本身是基底，揉麵糰就如製土，無論機器或手工揉麵，揉出光滑有黏性的麵糰，就如同陶匠擁有一份製陶的好土。

麵糰塑型（拉胚） 接下來進行「拉胚」，藉由推、收、滾的動作，將麵糰壓實滾圓，並且利用雙手來塑型修胚，例如雙手合十向下推則可出現三角形的青蛙；而單手下扣則是可以滾出橘子的圓形。

麵糰調色（上釉） 等到雛形確立接下來需要將其餘裝飾麵糰調色，上釉此刻開始！把天然食材乾燥而成的色粉，融合於麵糰中，揉製出具有香氣和色澤的彩色麵糰。

麵糰組合（揉捏） 調色完畢後，好玩的零部件組裝就要開始了，利用麵糰本身的黏性和支撐力，用雙手揉捏出可以完美融和於主麵糰的零部件。

造型（塑型） 無論是尖尖的耳朵或凸凸的鼻子，所有可愛部位都可以透過雙手靈活捏塑出來，過程完全不需要模具，也因為這樣，所有的作品都是世界上獨一無二的手創作品。

麵糰發酵&蒸製（燒製） 細心地將零部件組合於主麵糰後，即進入關鍵的發酵階段，在發酵最佳時機入鍋蒸，是成品能否成功的關鍵。經過一番「蒸汽美容」，開蓋前懷著既期待又怕受傷害的心，一顆顆超乎想像的饅頭出現了，有可能是讓人小挫折的痘疤寶寶；也可能擁有SK2般的美肌，但無論如何，享受

與麵糰在一起的感覺，揉捏過程中紓壓平靜與激發創意的過程，一定會令人好想再來一次。

完成（成品） 開蓋前的未知，如同樂透開獎一般，也增添了造型饅頭的趣味性，捲起袖子，一起動手做吧！

有了他們，事半功倍！

做立體饅頭所需要的工具

工欲善其事，必先利其器。
想要有好吃的饅頭，當然需要擁有好用、順手的器具！
以下是製作立體饅頭所需的工具，
工具不用多，很多器具都可以利用家裡現有的東西取代，
先別急著買，趕快來看看，
必備的工具有哪些，而你又缺了哪幾款！

瓦斯爐

煮沸熱水蒸煮用，一般家用瓦斯爐火力開中大火，若使用快速爐，請特別留意火候勿過大。

竹蒸籠

竹製蒸籠是蒸煮造型饅頭的最理想工具，透氣性佳，不會造成滴水，好的竹蒸籠蒸完還會有竹子的天然香氣，但需特別留意使用後的保養，需自然風乾，勿曝晒，否則容易發霉或變形。

電動攪拌機或麵包機

幫助攪拌麵糰，容易打出麵糰的筋性，解決手揉麵糰無法揉至完全光滑的問題，同時也節省製作時間。

工作檯面

光滑的大理石檯面最適合揉麵整形；不鏽鋼檯面、塑膠砧板或防滑軟墊亦可，但需要留意墊板需固定，防止揉麵時候滑動，不利施力揉麵和滾圓。

金屬蒸籠

蒸煮饅頭用，優點是容易清洗及保存，缺點是透氣性不佳，易造成滴水的問題。

電鍋

可以用來發酵饅頭，或蒸煮饅頭用。

粿巾

用於金屬蒸籠包覆鍋蓋用，防止水滴到饅頭上，大小請採用可以包覆鍋蓋的尺寸。

塑膠刮板

剷出攪拌缸內的麵糰，並刮除殘留於攪拌缸壁上的麵糰，亦可作為切割麵糰用。

小擀麵棍

延壓出氣泡，擀平裝飾用麵皮。

橡皮刮刀

手工揉麵時將奶水和麵粉和勻時使用。

黏土工具組

書局有賣非常便宜的小朋友黏土工具，清洗乾淨後就是非常好用的造型饅頭輔助工具。

刷子

麵糰表面刷牛奶用。

計時器

計時攪拌時間、發酵時間、蒸煮時間、冷卻時間。

小鋼盆

手工揉麵及秤量材料用。

電子秤

秤量各種食材，因造型饅頭麵糰份量較少，請選用可以計算小數點後的電子秤。

饅頭紙

各種大小的饅頭紙，圓的、方的皆可。本書建議使用10×10公分方型饅頭紙，刺蝟造型需使用20×20公分的大張饅頭紙。

牙籤

幫助固定裝飾線條。

散熱架

饅頭蒸好置於散熱架放涼。

讓饅頭好吃的秘訣
擁有好食材 饅頭就成功一半

饅頭要好吃，食材一定要用得好！
本書的立體饅頭，全部使用天然食材，
無添加、零色素，是我的堅持，
也希望這股堅持，能影響大家，
為心愛的家人，做出最天然的饅頭！

中筋麵粉

中筋麵粉即粉心粉，其筋性最適合製作造型饅頭。

即溶酵母粉

幫助麵糰發酵。各家品牌酵母活力不同，請讀者多加嚐試比較。

全脂鮮奶

增加營養及香氣，也會對麵糰有美白效果，亦可使用豆漿或水替代。

細砂糖

提供酵母養分，增加饅頭甜味，也可以使麵糰更加柔軟有黏性。

純橄欖油

由橄欖榨取而成，特級橄欖油會有天然的果香味，也可用其他植物油替代。

調色粉

本書所使用的調色粉，全部來自自然食材製成，沒有任何化學成份。計有：

無糖可可粉
可調出深棕及淺棕色

紫地瓜粉
可調出深紫及淡紫色

南瓜粉
可調出淡黃色及深黃色

紅麴粉
可調出膚色、粉色、紅色

黑芝麻粉
可調出灰色及增加麵糰香氣

竹炭粉
可調出灰色及黑色

菠菜粉
可調出翠綠色

抹茶粉
可調出草綠色

看我72變！天然色粉調色法！

✽ 材料

白色麵糰
調色粉
牛奶

Point 小訣竅

色粉加入的多寡會
影響作品的顏色及
口味，不同品牌
的色粉顏色不盡相
同，請把握「少量
多次」添加原則。
另外提醒大家，天
然食材調色後的麵
糰經過高溫蒸煮
後，顏色會加深，
因此建議顏色不要
調得太重。

Step by Step ▶ 做法

1 將材料準備好。

2 將粉末加入白色麵糰
裡。

3 以手將粉末揉入麵糰中。

4 加點牛奶增加濕潤度。

5 繼續搓揉。

6 搓揉至粉末與麵糰混
合均勻，並揉至麵糰
光滑即可。

其他食材

為了讓立體造型饅頭口感更豐富，有時會加入一些內餡，或在饅頭表面撒上一些食材，果乾、黑白芝麻等是我比較常用的。讀者也可以在饅頭內餡裡發揮自己的創意，加入如紅豆泥、果醬等。

蔓越莓果乾

天然椰棗乾

黑、白芝麻

勾看看！你還缺幾樣！

器具 / 食材		必需品	可取代
器具	電動攪拌機或麵包機		✓ 手揉亦可
	工作檯面		✓ 一般乾淨桌面、塑膠砧板或防滑軟墊皆可
	瓦斯爐	✓	✓ 可用電鍋替代
	電鍋		✓ 可用瓦斯爐加蒸籠取代
	金屬蒸鍋		✓ 可以電鍋取代
	竹蒸籠		✓ 可以電鍋或蒸鍋取代
	粿巾		✓ 使用竹蒸籠則不需要
	塑膠刮板	✓	
	小擀麵棍	✓	
	黏土工具組	✓	
	刷子	✓	
	計時器	✓	
	電子秤	✓	
	饅頭紙	✓	
	牙籤	✓	
	橡皮刮刀		✓ 也可利用萬能的雙手
	小鋼盆		✓ 可用其他容器取代
	散熱架		✓ 可用其他蒸盤取代
食材	中筋麵粉	✓	
	即溶酵母粉	✓	
	細砂糖	✓	
	純橄欖油	✓	
	全脂鮮奶	✓	
	調色粉	✓	
	黑、白芝麻（熟）	✓	
	果乾		✓ 可用其他內餡取代

製作立體造型饅頭心得大公開

做立體造型饅頭這幾年，我也用過不少食材，
以下是我的小小心得，和各位讀者一起分享！

麵粉

饅頭最主要的食材是麵粉，想要做出成功的造型饅頭，請選擇高品質、吸水性強的優質中筋麵粉，正所謂粉底要好，上妝才會漂亮。

市售麵粉中有些因為催熟或為使成品更加潔白，會添加漂白劑，為了家人的健康，請盡量選擇天然無漂白的麵粉。

牛奶

前陣子台灣的牛奶風波，讓Maggie擔心了好一陣子。家中的小朋友很喜歡喝牛奶，幾乎把牛奶當水喝。因此選擇優質、安全無虞的牛奶，是Maggie的唯一要求。

現在我的選擇是以喝起來清淡的國產鮮乳為主，雖然大家都覺得牛奶要濃香才好喝！但以我從小在乳牛群中長大的經驗，牛乳其實和母乳的濃度類似，並不是濃香型，而是有點水感，因此市售太香或太濃的都不會出現在我家冰箱。除了牛奶以外，豆漿也是Maggie非常推薦的液體材料，做起來的饅頭雖然沒有牛奶白，卻多了獨有的豆香，當然也非常適合全素的家人享用，使用豆漿時水分請再酌量減少。

油脂

饅頭可以不加油，但稍許的油可以使麵糰更加光滑，植物油中，橄欖油是我最喜歡的一種。橄欖油在西方國家被譽為「液體黃金」，對於健康、養顏有極佳的天然保健與美容功效，是世界上最理想、最好的食用油之一。

再者，因為橄欖油有獨特的橄欖香氣，添加在饅頭中，鮮奶與橄欖油相互交融後那美妙滋味，總會讓我多吃一顆饅頭。

橄欖油建議選擇初榨橄欖油，雖然價格較高，但每次的用量不多，為了家人健康，選用好一點的油還是值得的。

砂糖

常用的是細粒砂糖，有時候也會換換口味，使用如：香草糖、三溫糖、上白糖等。

酵母

我採用法國即溶酵母，它不僅溶解快，酵母活性也不錯。

超完美配方大公開

手揉、機器攪打製作麵糰 *Step by Step*

配方的好壞，直接決定了饅頭成功與否。
不管是用手揉，或以攪拌機、麵包機處理，
只要配方好、麵糰揉得夠光滑，好吃的饅頭就成功一半了！

最佳麵糰配方大公開

(本書基礎麵糰)

材料：(可做8顆造型饅頭)

中筋麵粉280克

全脂鮮奶150克

細砂糖30克

酵母粉3克

橄欖油7克

Maggie 貼心話！

1. 書中的食譜，皆以製作一顆饅頭所需的麵糰重量為例，讀者若想多做幾顆，就可以依比例加倍。

2. 大家把基礎麵糰做好後，便可以依食譜的需求，開始調色，將白色麵糰調成所需顏色，就可以開始製作本書裡任何一款立體造型饅頭。

手工揉麵這樣做！

Point 小訣竅

　　如果以手工揉麵，強烈建議全脂鮮奶多加5克，也就是155克。目的是希望麵糰不要太硬，以免在操作過程中，麵糰揉不動。

✽ 工具 *Tool*

鋼盆
橡皮刮刀

Step by Step ▶ 做法

1 將牛奶倒入鋼盆中。

2 再將酵母倒入。

3 以橡皮刮刀將酵母與牛奶略微攪拌均勻。

4 加入砂糖。

5 再以橡皮刮刀攪拌至砂糖及酵母大致溶解，不需要到完全溶解。

6 加入中筋麵粉。

7 加入橄欖油。

8 再以橡皮刮刀攪拌至不見粉狀。

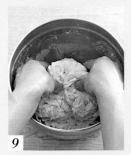

9 將麵糰自鋼盆取出。

10 將麵糰置於桌面。

11 以雙手開始推揉麵糰。

Point 小訣竅
揉麵需要用身體的力量，請雙腳前後站立。

12 以推揉收壓的方式，將麵糰揉至完全光滑。

Point 小訣竅
造型饅頭的麵糰需要比普通饅頭的麵糰再光滑一些。

❋ 工具 Tool

攪拌機

Step by Step ▶做法

1

將牛奶倒入攪拌缸的
鋼盆中。

2

再將酵母倒入。

3

加入砂糖。

4

再以橡皮刮刀攪拌至
砂糖及酵母大致溶
解，不需要到完全溶
解。

5

加入中筋麵粉。

6

加入橄欖油。

7

以勾型攪拌器攪拌。

8

開始攪拌約12～15分鐘。

Point 小訣竅
以中速攪拌即可。

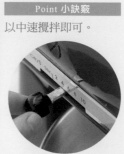

✳ 工具 *Tool*

麵包機

Step by Step ▶ 做法

1 將牛奶倒入麵包機的內鍋中。

2 再將酵母倒入。

3 加入砂糖。

4 加入中筋麵粉。

5 加入橄欖油。

6 將麵包機內鍋置入麵包機內。

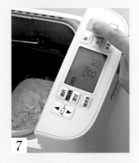

7 啟動麵包機麵糰模式攪拌約15分鐘。

白拋拋 幼咪咪

蒸饅頭絕不失敗
12 大法則

法則 ❶ 鍋子的選擇

鐵鍋請選擇鍋底較深的鍋子,避免火力太接近饅頭,變成不是蒸饅頭而是烤饅頭。

法則 ❷ 水的選擇

一般人通常以自來水直接蒸,但自來水中含有大量氯,經過高溫蒸發會釋放「三鹵甲烷」,饅頭會吸收水蒸氣,為了守護家人的健康,因此建議大家使用過濾後的水來蒸饅頭。

法則 ❸ 水溫請特別注意

使用發酵後自然降溫的水起蒸,加熱的過程也是饅頭發酵成長的過程。

法則 ❹ 水量的比例

請保持適當水量,不需要過多,但也不能蒸煮時間還沒到就燒乾,建議以鍋子高度1/3水位為參考。

法則 ❺ 蒸籠距離水面的位置

蒸籠請勿太接近水面,保持水蒸氣有向上升騰的空間。

法則 ❻ 火力的大小

請視家中瓦斯爐火力靈活調整,建議以中大火蒸煮。

法則 ❼ 鍋蓋的保護

使用竹製蒸籠透氣性佳,基本上不會有滴水的問題,但金屬蒸籠則會有很嚴重的滴水狀況,請務必在鍋蓋綁一條「粿巾」,防止水滴到饅頭造成凹洞。

Point 小訣竅

蒸之前請將粿巾摺出一角,製造出一個天然的透氣孔,讓適當的蒸氣抒發在外。

法則 ❽ 發酵

發酵是立體造型饅頭成功與否的重要關鍵，很多人無法判斷是否發酵完成，導致成品不是塌陷就是乾扁，Maggie經過數萬顆成功失敗的造型饅頭洗禮，摸索出一些發酵的小訣竅，分享給大家。

/ Step1 /

不論用手揉或機器代勞，麵糰一定要揉到光滑。即使是手揉，也要一而再、再而三的搓揉，一直到光滑為止，但仍要注意，千萬不能揉到斷筋。

/ Step2 /

揉好麵糰後，要盡快做好饅頭造型，因為在製作過程中，麵糰仍不斷在發酵，若等發酵完成後，造型時按壓的地方會出現凹洞，無法做出成功的作品，因此要在「發酵完成前」完成造型。

/ Step3 /

做好一顆顆造型饅頭後，先將鍋中水溫加熱到45度左右。將蒸籠放於鍋子上方，利用鍋中的餘溫發酵，夏天時間約20分鐘，冬天需延長時間，發酵到體積兩倍大，按下去慢速回彈即可開火蒸煮。

發酵適中

發酵不足

發酵過頭

Point 小訣竅

對於新手來說，Maggie教大家一個小秘訣。若以直徑4公分大的棒球饅頭來說，發酵到直徑變成6.5公分左右，即是發酵完成。

法則 ❾ 蒸煮

書中所介紹的各種大小饅頭，蒸煮時間為20分鐘，若擔心不熟，可多蒸3至5分鐘。

法則 ❿ 開蓋

熄火後請停留5分鐘再開蓋，這個時間讓內外溫差接近，打開鍋蓋時請勿向上揚起開蓋，正確方法是水平移動，先開一點小縫隙，再慢慢拉開。

法則 ⓫ 成品

蒸好的饅頭要馬上取出，防止蒸籠底部的水將饅頭浸濕。

法則 ⓬ 保存

放涼的立體饅頭，可獨立包裝後放入冰箱，冷藏可以保存三天；冷凍則可保存一個月。

Point 小訣竅

每一顆可愛的立體造型饅頭請獨立包裝，千萬不要像傳統饅頭塞整袋，很容易把造型壓壞喔！而且蒸好放涼之後要趕快包裝，不能置放在冷氣房裡吹冷氣，否則饅頭的表皮會龜裂哦！

PART___**1**

動物篇

超萌、超卡哇伊！

熱鬧滾滾的動物王國

美麗大方豬小妹，
等你來找我！

豬小妹的華麗冒險

淘氣粉紅豬

Naughty Pink Pig

難易度 *Hard*
♥♥♥♥

粉紅豬小妹，
最愛到森林裡冒險，
找找好吃的小蘑菇，
和小兔子玩玩捉迷藏，
在花海裡滾過來滾過去，
玩得一身都是泥巴也不在乎！
豬小妹：開開心心度過每一天最重要！

❋ 材料 *Ingredient*

粉色麵糰53克
黑色麵糰1克
紅色麵糰2克

❋ 工具 *Tool*

黏土工具組
牙籤

Step by Step ▶ 做法

❶ 頭部
❷ 耳朵
眼睛 ❹
❸ , ❻ 鼻子
❺ 腮紅
嘴巴 ❼

❶ 頭部

1

取48克粉色麵糰滾圓做頭部主體。

2

將豬頭置於饅頭紙上備用。

❷ 耳朵

3

取3克粉色麵糰，加些牛奶調軟搓成小圓球，準備做豬耳朵。

Point 小訣竅

豬耳朵麵糰請務必加牛奶調軟，否則耳朵很容易翹起來哦！

4

將小圓球利用手指推成兩頭尖角的紡錘狀。

5

用塑膠小刀將紡錘狀平均對切，當成豬耳朵。

6

主體麵糰表面全部刷上薄薄牛奶。

7

將對切的豬耳朵切口朝下，黏於豬頭上方兩側。

③ 鼻子

8

手指輕捏起耳朵尖角處。

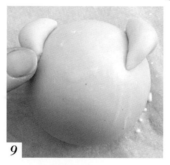

9

將尖角黏於麵糰上。

Point 小訣竅
輕壓尖角處，防止耳朵翹起。

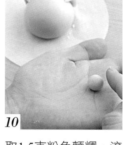

10

取1.5克粉色麵糰，滾圓備用。

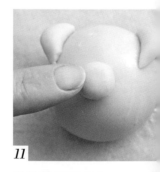

11

黏於臉部正中央，輕壓固定，做為豬鼻子。

Point 小訣竅
手指輕壓，將豬鼻子略微壓平。

④ 眼睛

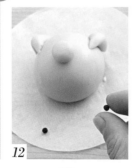

12

取黑色麵糰搓揉出綠豆大小顆粒當眼睛。

13

將黑色小麵糰黏於鼻子上方兩側。

⑤ 腮紅

14

將鼻子及臉部刷上牛奶。

15

取兩顆紅豆大小紅色麵糰搓圓。

6 鼻子

16

黏於臉頰兩側，輕輕壓扁，當成腮紅。

17

取紅色麵糰搓兩顆芝麻大小顆粒。

18

將芝麻顆粒大小的紅色麵糰黏在鼻子上做豬鼻孔。

7 嘴巴

19

取些許紅色麵糰搓揉出細線。

20

以牙籤截取細線中間段約1公分的長度。

21

利用牙籤將細線固定在鼻子下方做嘴巴。

22

嘴巴可略微壓扁製造出忠厚老實的笑容。

23

粉紅豬饅頭完成！蒸前蒸後對比。

24

完成的粉紅豬饅頭置於蒸籠發酵，發酵完成以「不失敗蒸煮法則（請見P.20）」蒸製，出爐即成。

Maggie 貼心話！

這款粉紅豬非常可愛，只要注意幾個小訣竅，就可以做出超討喜的豬小妹！大家可以多做幾隻，來個豬小妹的華麗冒險吧！

帶上我的造型饅頭，
上動物園來看我喲！

28

看貓熊不必到動物園

萌寶寶貓熊

Adorable Panda

難易度 *Hard*

♥♥♥♥

很少人能抗拒貓熊可愛的模樣，
每次去動物園，
貓熊館總是大排長龍，
看到團團圓圓超萌的表情，
心都快融化了。
超級可愛的貓熊，
一定要做出來，
天天擺在家裡，看個過癮！

✽ 材料 *Ingredient*

白色麵糰48克
黑色麵糰5克

✽ 工具 *Tool*

黏土工具
牙籤

Step by Step ▸ 做法

❶ 貓熊頭

1 白色麵糰滾圓備用。

2 將白色麵糰置於饅頭紙上，當成貓熊臉。

❷ 耳朵

3 黑色麵糰滾圓後，置於手中。

4 將黑色麵糰搓成長柱體。

5

以黏土工具小刀將黑色長柱麵糰對半切，當成耳朵。

6

在貓熊頭部上方兩側刷上牛奶。

7

將耳朵黏在貓熊臉上方。

Point 小訣竅

以手指略微按壓，以確保耳朵牢牢黏住。

③ 黑眼圈

8

取2顆各0.5克（共1克）的黑色麵糰備用。

9

在貓熊臉部刷上牛奶。

10

將2顆0.5克的黑色麵糰滾圓。

11

將滾圓的黑色小麵糰搓成葵瓜子狀，當成貓熊的黑眼圈。

12

將黑眼圈黏在貓熊臉上。

13

將黑眼圈按壓扁平，擴大其面積。

4 鼻子

14

取1克白色麵糰。

15

將1克白色麵糰滾圓,當成貓熊鼻子。

16

將鼻子黏在臉部中央。

5 眼睛

17

取2顆約綠豆大小的白色麵糰搓圓備用,當成貓熊眼白。

18

在黑眼圈上刷上牛奶。

19

將眼白黏貼於黑眼圈上。

Point 小訣竅

在黏小物件時,需輕擦牛奶幫助沾黏。

6 鼻頭 + 嘴巴

20

再取2顆約芝麻大小的黑色麵糰搓圓,當成貓熊眼珠。

21

將眼珠黏貼於眼白上方。

22

再取1顆約綠豆大小的黑色麵糰搓圓備用,當成貓熊的鼻頭。

23
將鼻頭黏貼於鼻子上。

24
取一小塊黑色麵糰搓成長條。

25
以牙籤取中間約0.5公分長的黑色線段，當成貓熊嘴巴。

蒸後

蒸前

26
以牙籤將嘴巴黏貼在鼻頭下方。

27
以牙籤按壓嘴巴兩側，使其固定。

28
萌寶寶貓熊完成！蒸前蒸後對比。

29
完成的貓熊置於蒸籠，以「不失敗蒸煮法則（請見P.20）」蒸製，出爐即成。

Maggie 貼心話！

貓熊的眼睛，是整個作品的重點，活靈活現的眼睛，才能表現貓熊的萌樣。眼珠的沾黏位置不同，會有不同的眼神變化，可以讓貓熊看上、看下、看左、看右，超有靈動性！

一起把愛
傳出去！

因為愛，讓我更加努力！

　　這款貓熊造型饅頭也叫梅黛子嘟嘟熊。什麼是梅黛子？全名為「梅黛子公益團體」，是一家非營利的公益組織，以關懷長幼，溫暖社會為己任。而有著黑色小耳朵，笑咪咪嘴巴的嘟嘟熊，就是他們的吉祥物。

　　當志工聯絡我，希望我為嘉義聖心教養院的孩子們做中秋活動的造型饅頭時，我真心感動於這公益組織的善舉，二話不說，捲起袖子，連夜做了幾十顆小貓熊，讓一顆顆的貓熊饅頭，為我傳遞一份溫暖給孩子們！

　　活動當天因為我要照顧弟弟，因此請先生和女兒一大早開車送饅頭到嘉義。小貓熊饅頭的出現，讓孩子們開心極了，因為數量有限，孩子們很怕搶不到，更有些坐著輪椅的老人家都想要起身來拿小貓熊，看著先生拍給我的一張張拿著饅頭滿足的笑臉，我真的好感動！

　　梅黛子公益團體，謝謝你們給我服務的機會；孩子及老人家們的笑臉，是我做可愛造型饅頭最大的滿足！

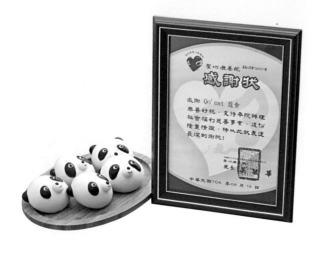

奔跑奔跑！我們一起在原野裡奔跑！

站在世界的屋頂

萬獸之王獅子
Lion King

難易度 *Hard*
❤❤❤❤

萬獸之王獅子，
頂著一頭棕色毛髮，
配上黃澄澄的面容，
笑容十足，
一點都不可怕！
好想把它放在被窩裡，
當成寵物，
和它一起睡覺覺！

✻ 材料 *Ingredient*

巧克力麵糰25克
黃色麵糰25克
黑色麵糰2克

✻ 工具 *Tool*

黏土工具組
牙籤

Step by Step ▶ 做法

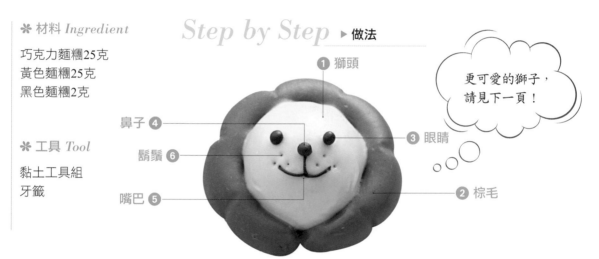

❶ 獅頭
鼻子 ❹
鬍鬚 ❻
嘴巴 ❺
❸ 眼睛
❷ 棕毛

更可愛的獅子，
請見下一頁！

---

❶ 獅頭

1
黃色麵糰滾圓備用。

2
黃色麵糰置於饅頭紙上，當成獅子的臉。

❷ 棕毛

3
巧克力麵糰滾圓備用。

4
巧克力麵糰搓成約14公分長條，當成獅子的棕毛。

5

將棕毛圍繞獅子臉一圈。

Point 小訣竅

棕毛繞起後，結尾的地方要以手指將麵糰固定於下方。

Point 小訣竅

要以牙籤壓深，以免發酵後變得不明顯。

6

以牙籤在棕毛壓出一段一段的間隔，製造出毛茸茸的感覺。

3 眼睛

7

獅子的臉刷上薄薄的牛奶。

4 鼻子

8

取兩顆綠豆大小的黑色麵糰揉圓備用，當成獅子眼睛。

9

將眼睛貼在獅子臉上。

10

再取一顆略大於眼睛的黑色麵糰，揉圓備用，當成獅子的鼻子。

11

將鼻子黏在獅子的臉上。

Point 小訣竅

鼻子的位置在兩眼中間下方約0.3公分處，無需按壓！

5 嘴巴

12

取黑色麵糰搓成長線條。

13

以黏土工具組的小刀，自線條中間段取線，需要0.5公分1條、1.2公分1條。

14

0.5公分黑線置於鼻子下方。

15

1.2公分黑線以弧線和鼻子下方黑線垂直。

6 鬍鬚

蒸後

蒸前

16

以牙籤將黑線的交叉處按壓，以固定黑線位置，做成獅子嘴巴。

17

以牙籤在臉上刺出幾個小洞當作鬍子。

18

萬獸之王獅子完成。蒸前蒸後對比。

19

完成的獅子置於蒸籠，以「不失敗蒸煮法則（請見P.20）」蒸製，出爐即成。

還可以這樣做！

獅頭饅頭加耳朵，超吸睛！

1. 取2克的黃色麵糰滾圓。
2. 將黃色麵糰搓揉成圓柱體。
3. 以黏土工具組的小刀切成兩半，當成獅子耳朵。
4. 獅子臉部上半部刷上牛奶。
5. 將獅子耳朵黏在10點鐘及2點鐘方向的位置上。
6. 有耳朵的獅子饅頭完成。

Maggie 貼心話！

這款獅子的造型相當討人喜歡，也是家裡小朋友最愛的一種動物。它的步驟不難，多試幾次就能抓到獅子的神韻。

想吃肉骨頭

狗狗茶茶

Lovely Dog

難易度 *Hard*

一隻小黃狗，
坐在大門口，
尾巴搖一搖，
想吃肉骨頭。
狗狗永遠是人類最好的朋友！

✳ 材料 *Ingredient*

白色麵糰49克
棕黃色麵糰7克
黑色麵糰2克
紅色麵糰1克

✳ 工具 *Tool*

牙籤
黏土工具組

Step by Step ▶ 做法

❶ 臉部
❸ 斑紋
眼睛 ❹
鼻子 ❺
❷ 耳朵
嘴巴 ❻

> 更可愛的狗狗茶茶，
> 請見下一頁！

❶ 臉部

1
取48克白色麵糰滾圓
做頭部主體。

2
將白色麵糰置於饅頭
紙上備用。

3
利用手指將麵糰上方
向上推長，塑型成如
圖形狀。

2 耳朵

4 取兩顆3克棕黃色麵糰。

5 將小麵糰滾成小圓球。

6 利用手指將小圓球推成較長的水滴形，當成狗耳朵。

3 斑紋

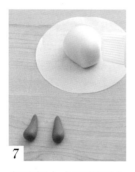

7 在頭部上方兩側刷上牛奶。

8 將兩條狗耳朵黏於頭部兩側。

9 取1顆紅豆大小棕黃色麵糰搓圓，準備做臉部斑紋。

10 用黏土工具組壓平。

Point 小訣竅

以黏土工具組擀平即可，不需要用到擀麵棍。

4 眼睛

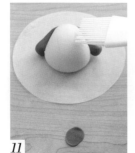

11 在臉部刷上牛奶。

12 將壓平的棕黃色臉部斑紋黏於側臉。

13 取黑色麵糰搓出兩顆綠豆大小顆粒做眼睛。

14 狗臉的眼睛處刷上薄薄牛奶。

15
黑色小麵糰置於眼睛處，輕輕壓扁。

16
在壓扁的黑色眼睛上刷上薄薄牛奶。

17
取白色麵糰搓出兩粒小點，點在眼睛處。

18
輕輕壓開白色小點。

⑤ 鼻子

19
取紅豆大小黑色麵糰搓圓，準備做狗鼻子。

20
在臉部中央擦上牛奶。

21
將黑色麵糰黏於雙眼下方如圖位置。

> **Point 小訣竅**
> 狗鼻子輕壓，但注意不要壓得太扁，否則會缺少立體感。

⑥ 嘴巴

22
取黑色麵糰搓出一條細線。

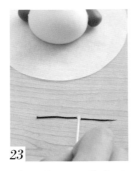

23
以牙籤取細線中間段約2公分左右的長度。

> **Point 小訣竅**
> 記得！請從線條中間處挑起。

24
以牙籤將黑色線條從中間處挑起。

25
將黑色線條黏在鼻子下方。

26

利用牙籤將線頭兩端微微挑起做出微笑嘴巴。

27

牙籤輕壓線頭處固定位置。

Point 小訣竅

這3點一定要以牙籤再按壓固定！

28

蒸後

蒸前

狗狗茶茶饅頭完成！蒸前蒸後對比。

29

完成的狗狗饅頭置於蒸籠發酵，發酵完成以「不失敗蒸煮法則（請見P.20）」蒸製，出爐即成。

還可以這樣做！

加上舌頭，狗狗小茶更俏皮！

1

取綠豆大小的紅色麵糰滾圓。

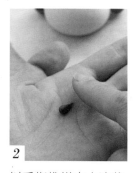

2

以手指推搓出水滴狀。

3

黏於嘴巴中間。

4

用牙籤輕壓紅色麵糰中間，製作出吐舌頭的可愛模樣。

5

蒸後

蒸前

俏皮吐舌狗狗茶茶完成！蒸前蒸後對比。

Maggie 貼心話！

1. 狗耳朵、斑紋的顏色，可隨自己心意調整。

2. 吐舌的舌頭顏色亦可深可淺！

真正愛狗的人

大家好，我是Victoria，今年10歲半。

照片中在我前面的這隻可愛狗狗，是我的小寶貝茶茶，後面那位則是我調皮的弟弟。

我好喜歡狗狗，從6歲起，每年的生日願望、聖誕願望、新年願望，都是可以養一隻狗，但是媽媽怕我只是一時興起，養狗很快就變成她的責任，因此媽媽要我好好考慮清楚。

每次全家外出時，只要經過寵物店，經常被裡面可愛的小狗狗吸引得流連忘返，雖然寵物店裡面的小狗狗都好可愛，但是媽媽說牠們的價格一點都不可愛。為了讓我認清楚養寵物的責任，爸爸買了《十二夜》回來給我們看，這是一部流浪動物收容所觀察日記的紀錄片，導演透過攝影機的鏡頭，把他在收容所中所看見的拍攝出來，而我和弟弟在看到這部影片時，從頭哭到尾，而我也默默地下定決心，以認養代替購買。

為了找一隻狗，我們開始參觀收容所，我覺得每一隻狗不管是年紀大的還是混種狗都非常可愛，每一隻都好想帶回家，媽媽很驚訝我會覺得收容所裡面的狗狗可愛，我告訴她：「只喜歡漂亮狗狗的人不算真正愛狗，真正愛狗的人是什麼樣的狗狗都會喜歡。」

雖然我也愛大狗，但是爸爸建議我們找幼犬，可以更了解狗狗的成長過程。無奈我們找了好幾家動物收容所，都沒有幼犬，正當我難過失望之際，媽媽上動物之家的網站，搜尋到一隻可愛的白色流浪狗，正在附近的動物醫院做結紮，二話不說，我們立馬趕車前往。「當第一眼看到茶茶時，就知道牠是我夢想中的小狗，牠全身白色，屁股上有一顆可愛的小黑點，就好像一杯香醇的奶茶，因此『茶茶』這個名字立刻出現在腦海。」載茶茶回家的路上，我問媽媽為什麼答應我養狗，媽媽說：「因為Victoria是世界上最愛狗的小孩。」

聽媽媽這樣說，我覺得好開心，現在我每天餵牠、清理牠的居住環境、帶牠去公園玩。有了「茶茶」，每天我都很開心，我會好好照顧牠。

茶茶，謝謝你做我的寶貝，你是世界上最可愛的狗狗，愛你！

情人節 獻給我的愛人
浪漫紫色愛心熊
Romantic Purple Teddy Bear

難易度 *Hard*
♥♥♥♥

浪漫的情人節,
甜甜蜜蜜的巧克力、
1001 朵的玫瑰花,
親手做出一個個浪漫紫色小熊,
把戒指藏在饅頭裡,
讓最心愛的人,
吃到驚喜,
感動在心裡,
答應嫁給你!

❋ 材料 *Ingredient*

紫色麵糰52克
白色麵糰2克
黑色麵糰2克

❋ 工具 *Tool*

黏土工具組
牙籤

Step by Step ▶ 做法

- ② 耳朵
- ① 熊頭
- 眼睛 ④
- 鼻子 ⑤
- ③ 鼻型
- 嘴巴 ⑥

---

❶ 熊頭

1 取48克紫色麵糰滾圓做頭部主體。

2 將紫色麵糰置於饅頭紙上備用。

❷ 耳朵

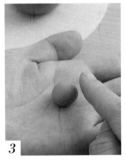

3 取3克紫色麵糰搓成小圓球。

4 將小圓球利用手指推成圓柱體。

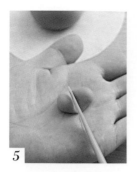

5

用塑膠小刀將圓柱體平均對切,準備做熊耳朵。

6

主體麵糰頭部上方兩側擦上薄薄牛奶。

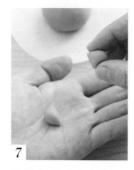

7

將對切的小麵糰切口朝下拿起。

8

黏於主麵糰上方兩側。

③ 鼻型

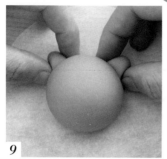

9

手指輕捏固定耳朵。

Point 小訣竅

耳朵要固定好,這樣蒸完才有一體成形的耳朵。

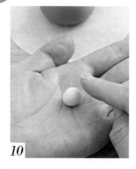

10

將2克白色麵糰滾圓。

11

主麵糰表面刷上牛奶。

12

將白色麵糰黏於臉部正中央。

④ 眼睛

13

輕壓白色麵糰邊緣,推出小山狀立體鼻型。

14

取黑色麵糰搓出2顆綠豆大小顆粒做眼睛。

⑤ 鼻頭

15

將黑色小麵糰黏於鼻子上方兩側。

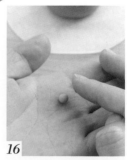

16

取紅豆大小紫色麵糰搓圓。

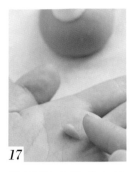

17

將下端略搓成水滴狀。

18

在白色麵糰上擦上薄薄牛奶。

19

將水滴狀的紫色麵糰，黏於鼻頭處。

20

利用牙籤在紫色小麵糰上方輕壓出凹痕，製作出愛心鼻子。

6 嘴巴

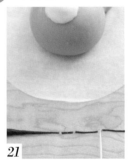

21

將黑色麵糰搓細線，切割出長短各一段。

22

將短線條黏於鼻子下方。

23

長線條橫向黏於短線條下方。

24

利用牙籤在長短線條連結出壓出凹痕。

Point 小訣竅

嘴巴線條可微向上推，製作出微笑熊熊。

蒸後

蒸前

25

浪漫紫色愛心熊完成！蒸前蒸後對比。

26

完成的浪漫紫色愛心熊置於蒸籠，以「不失敗蒸煮法則（請見P.20）」蒸製，出爐即成。

Maggie 貼心話！

1. 愛心鼻子水滴搓略長，上方凹痕壓深，愛心會更明顯。

2. 這款熊最要緊的重點是眼睛，活靈活現的眼睛才能展現出熊的可愛模樣。因此眼睛的大小要適中。

東奔西跑 左顧右盼

小兔子乖乖
Running Rabbit

難易度 *Hard*
♥♥♥♥

東跑跑、西跳跳，
原野裡的小兔子，
露出長長耳朵，
張開大大眼睛，
吃著最愛的紅蘿蔔！

你要去哪兒呢？
紅蘿蔔在這裡！

我的紅蘿蔔呢？！

✿ 材料 Ingredient

白色麵糰55克
黑色麵糰1克
巧克力麵糰1克

✿ 工具 Tool

黏土工具組
牙籤

2 耳朵，7 上色

1 臉部

3 眼睛

鼻子 4

嘴巴 5

6 腮紅

更可愛的小兔子，
請見下一頁！

1 臉部

1
取48克白色麵糰滾圓
做頭部主體。

2
將白色麵糰置於饅頭
紙上備用。

3
利用手指將麵糰上方推長，塑
型成如圖形狀。

Point 小訣竅

先用手指輕壓著，再順著往上推
長。

2 耳朵

4
取兩顆3克白色麵糰
備用。

5
將白色小麵糰滾成小
圓球。

6
利用手指將小圓球搓
揉成細長條狀，做兔
子的耳朵。

Point 小訣竅

兔子的耳朵可以略微搓
長一些，蒸完耳朵才會
比較明顯。

7
將兩條耳朵黏於頭部
上方。

Point 小訣竅

兩條耳朵都呈彎月的形
狀。

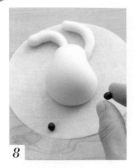

8

取黑色麵糰搓揉出兩顆紅豆大小顆粒做眼睛。

9

在兔子臉部眼睛處刷上薄薄牛奶。

10

黑色小麵糰置於眼睛處。

11

將黑色小麵糰輕輕壓扁。

4 鼻子

12

在壓扁的黑色眼睛處刷上薄薄牛奶。

13

取白色麵糰搓揉出兩粒小點。

14

點在黑色眼睛處，輕輕壓開白色小點。

15

取略比芝麻大的巧克力麵糰搓圓。

5 嘴巴

16

將巧克力麵糰黏於雙眼中間下方，當成兔子鼻子。

17

取黑色麵糰搓出一條細線。

18

取線條中間段，切出1公分左右的長度。

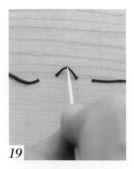

19

以牙籤將黑色線條從中間處挑起，使其呈三角形。

⑥ 腮紅

20 用牙籤將線條頂點固定在鼻子下方，當作嘴巴。

21 利用牙籤將線頭兩端微微挑起做出微笑嘴巴，呈倒W形狀。

22 手指沾取少量紅麴粉。

23 擦在兔子臉頰處做腮紅。

Point 小訣竅

嘴巴三點處以牙籤固定。

⑦ 上色

24 在耳朵的部位也擦上些許紅麴粉。

25 小兔子饅頭完成！蒸前蒸後對比。

蒸後
蒸前

26 完成的小兔子饅頭置於蒸籠發酵，發酵完成以「不失敗蒸煮法則（請見P.20）」蒸製，出爐即成。

Maggie 貼心話！

加一點想像力，為作品增添一些小道具！「可以幫兔子做根紅蘿蔔嗎？」拍照時，攝影師的一句話，超可愛的小小紅蘿蔔就誕生了！熱愛手作的大家，又想為自己的小兔子作品，添上什麼有趣的配件呢？

還可以這樣做！

加上紅蘿蔔更可愛！

蒸後
蒸前

1 將黑色眼睛換成紅色麵糰，就是紅眼兔兔嚕！

2 讀者可以再運用橘色麵糰，搓成長三角形，加上幾條白色線條、綠色的葉子，做成小小紅蘿蔔，搭配起來更有趣！

長鼻子大象

Beautiful Camellia

難易度 Hard
♥♥♥♥

大象，大象，
你的鼻子為什麼那麼長？
媽媽說，鼻子長，才是漂亮！
聽著這首耳熟能詳的兒歌，
不禁想起長鼻子大象可愛的模樣，
捏著捏著……，
你做的大象鼻子夠長嗎？

❀ 材料 *Ingredient*

灰色麵糰52克
白色麵糰1克
粉色麵糰 6克
黑色麵糰 1克

❀ 工具 *Tool*

黏土工具組
牙籤

Step by Step ▶ 做法

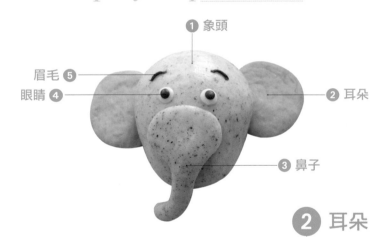

- ❶ 象頭
- 眉毛 ❺
- 眼睛 ❹
- ❷ 耳朵
- ❸ 鼻子

---

❶ 象頭

1

取48克灰色麵糰滾圓做大象頭部主體。

2

將大象頭部主麵糰下端捏窄，塑型成如圖形狀。

3

將大象頭部麵糰置於饅頭紙上備用。

❷ 耳朵

4

取兩顆3克粉色麵糰。

5 將粉色麵糰滾成小圓球。

6 利用手掌將粉色小球壓扁。

7 將大象頭兩側刷上牛奶。

8 將壓扁的粉色麵糰黏於頭部兩側下方。

3 鼻子

9 取4克灰色麵糰。

10 將灰色麵糰滾圓。

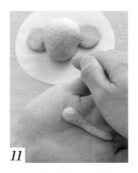

11 用手掌側邊將麵糰一頭搓長如圖。

12 將厚的一頭捏扁做大象鼻子。

4 眼睛

13 大象臉上刷上薄薄牛奶。

14 將大象鼻子黏於臉部下方。

> **Point 小訣竅**
>
> 大象鼻子要黏牢，否則很容易脫落。

15 取兩顆綠豆大小白色麵糰滾圓做眼白。

16 在鼻子上方刷上牛奶。

17

將眼白的麵糰黏於眼睛處。

眼白要略微壓扁。

18

取黑色麵糰搓出兩顆比剛剛白色麵糰更小的黑色小麵糰做眼珠。

19

在眼白處刷上牛奶。

20

將黑色眼珠黏於白色麵糰上方。

眼珠同樣要略微壓扁。

5 眉毛

21

取黑色麵糰搓出細線。

22

切出兩條0.5公分左右長度的線條。

注意！須取細線中間段。

23

在大象臉部上方刷上牛奶。

24

利用牙籤將短線條固定在大象眉毛處。

眉毛兩頭要以牙籤略微按壓，做出彎彎的眉形。

蒸後

蒸前

25

長鼻子大象完成！蒸前蒸後對比。

26

完成的長鼻子大象置於蒸籠發酵，發酵完成以「不失敗蒸煮法則（請見P.20）」蒸製，出爐即成。

Maggie 貼心話！

大象的黑眼珠如果擔心搓不出這麼小顆，可以將眼白放大也非常可愛哦！

夏夜裡的合唱團

調皮青蛙王子

Frog Prince

難易度 *Hard*
♥♥♥♥♥

夏夜裡，
池塘邊響起一陣陣蛙鳴，
仔細一聽，
是首世界名曲呢！
高音、低鳴、中音部，
或尖銳、或低沉，
多和諧的大自然樂章！

✽ 材料 Ingredient

綠色麵糰48克
白色麵糰6克
黑色麵糰1克
紅色麵糰1克

✽ 工具 Tool

黏土工具組
牙籤

Step by Step ▶ 做法

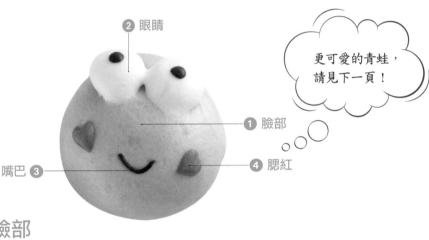

❷ 眼睛

❶ 臉部

嘴巴 ❸

❹ 腮紅

更可愛的青蛙，
請見下一頁！

❶ 臉部

1

取48克綠色麵糰滾圓
做青蛙臉部主體。

2

將青蛙臉部麵糰置於
饅頭紙上備用。

3

利用手指將麵糰推成
三角飯糰的形狀。

4

取兩顆3克白色麵糰。

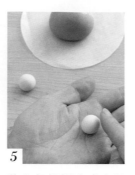

5

將白色麵糰滾成小圓球。

6

在綠色麵糰表面刷上牛奶。

7

將兩顆白色麵糰黏於頭部上方1/3處。

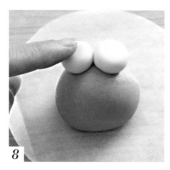

8

輕壓固定位置。

> **Point 小訣竅**
> 青蛙的白色眼球務必黏好，否則很容易造成青蛙翻白眼的情形。

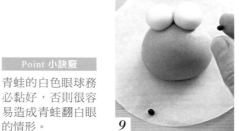

9

取黑色麵糰搓出兩顆綠豆大小顆粒做黑眼珠。

10

在白色麵糰上刷上薄薄牛奶。

3 嘴巴

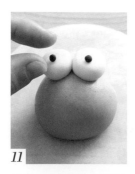

11

黑色小麵糰置於眼睛處。

12

將黑色小麵糰輕輕壓扁。

> **Point 小訣竅**
> 眼珠擺放的位置不同，會有不同的眼神喔！

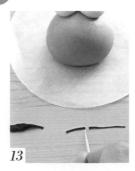

13

取黑色麵糰搓出一條細線，以牙籤切出1公分左右的長度。

14

用牙籤將黑色線條黏於嘴巴處。

> **Point 小訣竅**
> 線條要呈微笑樣，如果一直線或下彎，青蛙看起來就像要哭哭了！！

15

取紅色麵糰搓成愛心形狀，黏於青蛙臉頰處。

Point 小訣竅

愛心請參考P.47浪漫紫色愛心熊鼻子的做法。

16

利用牙籤輕壓愛心凹痕處，使愛心更明顯。

17

調皮青蛙王子饅頭完成！蒸前蒸後對比。

18

完成的調皮青蛙王子饅頭置於蒸籠發酵，發酵完成以「不失敗蒸煮法則（請見P.20）」蒸製，出爐即成。

還可以這樣做！

驚奇版小青蛙！

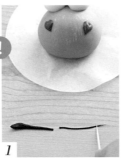

1

嘴巴的黑色線條以牙籤取約2公分的線條。

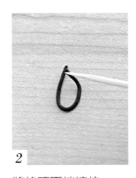

2

將線頭兩端連接。

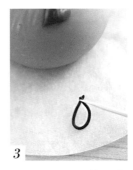

3

用牙籤將線頭接口處挑起。

4

黏在青蛙嘴巴處。

5

將線條略往外推，調整嘴形。

6

驚奇小青蛙完成！！蒸前蒸後對比。

Maggie 貼心話！

青蛙造型非常可愛，還可以加上一個皇冠，讓牠成為名符其實的「青蛙王子」。

濃情巧克力大熊
Chocolate Bear

特別的日子，
做個最特別的禮物，
送給最特別的妳！
濃濃的巧克力，
甜甜的透心底，
濃情巧克力大熊，
把牠當成我，
日夜都陪伴著妳！

難易度 *Hard*
♥♥♥♥

✱ 材料 *Ingredient*

巧克力色麵糰51克
白色麵糰2克
黑色麵糰1克

✱ 工具 *Tool*

黏土工具組
牙籤

Step by Step ▶ 做法

❶ 熊頭
❷ 耳朵
眼睛 ❹
鼻子 ❺
嘴巴 ❻
❸ 鼻型

更可愛的巧克力
大熊，請見下一頁！

---

❶ 熊頭

1
取48克巧克力色麵糰
滾圓做熊頭主體。

2
將熊頭麵糰置於饅頭
紙上備用。

❷ 耳朵

3
取3克巧克力色麵糰
搓成小圓球。

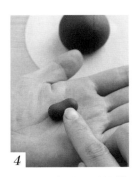

4
將小圓球利用手指推
成圓柱體。

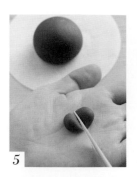

5

用塑膠小刀將圓柱體平均對切。

6

熊頭部上方兩側刷上薄薄牛奶。

7

將對切的小麵糰切口朝下黏於熊頭上方兩側做成熊耳朵。

> Point 小訣竅
>
> 手指輕捏固定耳朵,耳朵要固定好,要不然很容易脫落,或蒸好後斷裂。

8

熊頭表面刷上牛奶。

9

將 2 克白色麵糰滾圓。

10

將白色麵糰黏於臉部正中央。

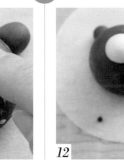

11

輕壓白色麵糰邊緣,推出小山狀立體鼻型。

> Point 小訣竅
>
> 熊鼻子的白色麵糰黏於臉部時儘量壓旁邊,立體效果會更突出。

12

取黑色麵糰搓出略比芝麻大的顆粒做眼睛。

13

將黑色小麵糰黏於鼻子上兩側。

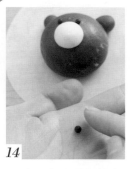

14

取綠豆大小黑色麵糰搓圓。

15

在白色麵糰上刷上薄薄牛奶。

16

將黑色小麵糰黏於白色麵糰上方做熊鼻頭。

6 嘴巴

17

搓一條黑色線條取一小段。

18

以牙籤將黑色線條黏於鼻子下方做熊嘴巴。

蒸後

蒸前

19

濃情巧克力大熊饅頭完成！蒸前蒸後對比。

20

完成的濃情巧克力大熊饅頭置於蒸籠發酵，發酵完成以「不失敗蒸煮法則（請見P.20）」蒸製，出爐即成。

還可以這樣做！

憂鬱版巧克力大熊！

1

嘴巴的部位改成兩條短線條，拼成「八」字在鼻子下方。

蒸後

蒸前

2

略帶憂鬱氣息的巧克力大熊完成！蒸前蒸後對比。

Maggie 貼心語！

每到情人節，很多熱戀中的情侶，都會煩惱要送什麼禮物才能表達自己的心意。這款巧克力熊，很適合由女生做給男生，而P.44的紫色愛心熊，當然就適合男生做給女生囉！不論是哪一款，親手做出來的東西，意義就特別不同，也更顯貼心！

暖男的相識周年禮物

　　會把熊當成作品，其實是因為一位暖男在我的FB上留言，他說，想親手為女朋友做個特別的禮物，當成他們相識兩周年的紀念。

　　我看到留言非常感動，現今愈來愈多的男生，願意進廚房為女生煮一頓飯、做個甜點，貼心的程度，連身為女生的我，也望塵莫及。

　　為了達成暖男的心願，我特別設計了兩款熊—紫色愛心熊及巧克力大熊，分別代表他們兩位，希望我的小小作品，能為他們的相識兩周年，留下一個美好的回憶！

64

萌噠噠 超療癒

喵喵小花貓

Meow Meow Cute Kitten

難易度 *Hard*

❤❤❤❤❤❤

咪咪小花貓
咪咪小花貓
快來吃飯，快來吃飯，
快來這裡有一條魚
喵啊！喵啊！喵喵！
謝謝小小姐姐
喵～喵喵～喵喵～喵喵～喵喵

✲ 材料 *Ingredient*

白色麵糰49克
粉色麵糰4克
黑色麵糰5克

✲ 工具 *Tool*

黏土工具組
牙籤

Step by Step ▸ 做法

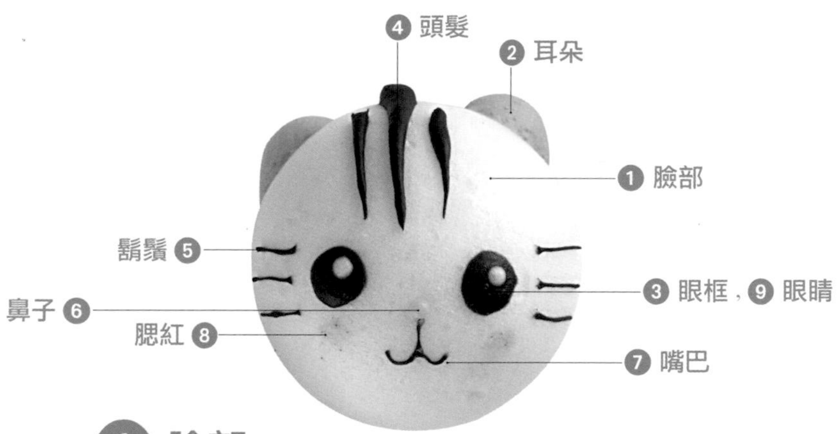

④ 頭髮
② 耳朵
① 臉部
鬍鬚 ⑤
③ 眼框，⑨ 眼睛
鼻子 ⑥
腮紅 ⑧
⑦ 嘴巴

① 臉部

1

取48克白色麵糰滾圓做貓頭主體。

2

將貓咪頭部主體麵糰置於饅頭紙上備用。

❷ 耳朵

3 取3克粉色麵糰。

4 將粉色麵糰滾成小圓球。

5 將小圓球以手指推成兩頭尖角的紡錘狀。

6 將粉色麵糰以黏土工具組中的小刀對切。

7 將貓頭上方刷上薄薄牛奶。

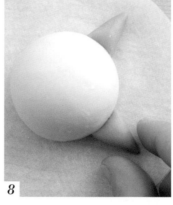

8 將對切的小麵糰切口朝下黏於貓頭上方兩側做耳朵。

Point 小訣竅
耳朵要做尖一些，蒸出來才會像貓耳朵。

❸ 眼眶

9 貓咪臉部表面擦上薄薄牛奶。

10 取黑色麵糰搓出兩顆綠豆大小顆粒做眼睛。

11 黑色小麵糰置於臉部。

12 將黑色小麵糰輕輕壓扁。

4 頭髮

13

取黑色麵糰搓出如圖尾巴略尖的線條。

14

以牙籤截取3條自尾部往上約1.5公分長度的線條。

15

將三條線條黏於頭部上方。

5 鬍鬚

16

取黑色麵糰搓揉出一條細線。

17

以黏土工具組的小刀,自線條中段切6條約1公分長度的線條。

18

左右臉頰各黏3條黑色線條做鬍子。

19

以牙籤固定黑色線條線頭兩端。

6 鼻子

20

在臉部中央刷上薄薄牛奶。

21

取1顆約芝麻大小的粉色麵糰揉圓備用。

22

粉色麵糰黏於雙眼中間,當成貓咪的鼻子。

7 嘴巴

23 取黑色麵糰搓出細線。

24 切出一長一短兩條線條。

25 將短線條黏於鼻子下方。

26 長線條橫向黏於短線條下方,兩頭略微向上推。

8 腮紅

9 眼睛

27 以牙籤在長短線條連結壓處凹痕。

28 手指黏取少量紅麴粉擦在貓咪臉頰處做腮紅。

29 取白色麵糰搓揉出約芝麻大小的兩粒小點。

30 將芝麻大小的白麵糰點在眼睛處。

31 輕輕壓開白色麵糰。

Point 小訣竅

白色麵糰會讓貓的眼睛更有神!

蒸後

蒸前

32 喵喵小花貓饅頭完成!蒸前蒸後對比。

33 完成的喵喵小貓咪饅頭置於蒸籠發酵,發酵完成以「不失敗蒸煮法則(請見P.20)」蒸製,出爐即成。

Maggie 貼心話!

貓咪可愛、乾淨,是很多人家裡養的寵物,動手做出自己喜歡的貓咪模樣也不難,多練習幾次,很容易就上手。

停不下來的好滋味
立體造型饅頭超創意吃法 Part 1

最常見的饅頭吃法，不外乎清蒸或夾蛋，
因為大家都把饅頭歸類為中式料理，因此限制住它的食用方式。
Maggie 的立體造型饅頭，不僅打破了饅頭的造型設計，
也突破饅頭給人的刻板印象。
在吃法上，當然也就創意十足了！

吃法 1 ♥ 蒸饅頭

做好立體造型饅頭蒸好後，就是一顆既賞心悅目，又口感十足的點心。以水蒸食，最能吃出饅頭的原滋原味！

吃法 2 ♥ 烤饅頭

吃過烤饅頭嗎？用烤箱烤出來的饅頭，香氣四溢，就像是麵包一般呢！

不需預熱烤箱，也不用解凍饅頭，直接將冷凍饅頭放於烤箱內，以上下火各150度烤15分鐘，外脆內軟充滿烘焙香氣的烤饅頭立馬上桌！

●立體造型饅頭超創意吃法 Part 2 請見 P.97

69

猴年行大運

猴賽雷兄妹拜年

Happy Chinese Monkey New Year

難易度 *Hard*
♥♥♥♥♥♥♥

新年好、新年到,
穿新衣、戴新帽,
放鞭炮、好運到,
迎財神、接元寶,
家家戶戶樂逍遙,
見面說聲新年好!
祝大家
猴年諸事猴賽雷!

春

✳ 材料 *Ingredient*

皮膚色麵糰48克
白色麵糰1克
橘色麵糰8克
可可麵糰1克
黑色麵糰1克
紅色麵糰2克

✳ 工具 *Tool*

黏土工具組
牙籤
擀麵棍

Step by Step ▶ 做法

④ 鼻子
② 猴毛
眉毛 ⑦
③ 眼眶, ⑥ 眼睛
嘴巴 ⑤
① 臉部

更可愛的猴妹妹,
請見下一頁!

1 臉部

1
取48克膚色麵糰滾圓做頭部主體。

2
將主體麵糰置於饅頭紙上備用。

3
將主體麵糰輕捏成橢圓狀,做猴頭。

4

取8克橘色麵糰。

5

將橘色小麵糰滾成小圓球。

6

利用擀麵棍將麵糰擀開。

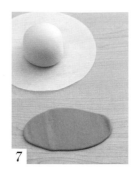

7

擀開的麵糰呈橢圓狀如圖。

8

利用黏土工具切割麵皮。

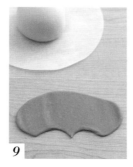

9

切割後呈尖角狀。

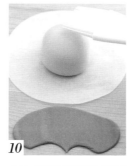

10

在主麵糰表面全部刷滿牛奶。

11

將橘色麵皮黏在主麵糰上，當成猴頭上的毛。

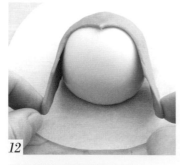

12

橘色麵皮兩端向下拉長。

Point 小訣竅

麵糰是有彈性的，不用擔心拉長會斷掉。但如果斷掉，表示揉的麵糰過硬，可以再加一點牛奶，將麵糰揉軟。

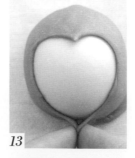

13

將橘色麵皮兩頭黏起來。

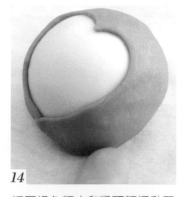

14

輕壓橘色麵皮和猴頭麵糰黏緊。

Point 小訣竅

猴頭的主麵糰一定要刷上牛奶，而且可以多擦，忘了這個步驟，屆時蒸饅頭時，橘色麵皮會有氣泡產生。

③ 眼眶

15
取黑色麵糰搓揉出兩顆約綠豆大小顆粒做猴子眼睛。

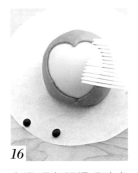

16
在猴頭主麵糰眼睛處刷上薄薄牛奶。

17
將黑色小麵糰置於眼睛處。

18
將黑色小麵糰輕輕壓扁。

④ 鼻子

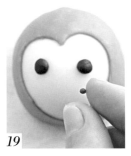

19
取芝麻大小的可可麵糰搓圓。

20
將可可麵糰黏於雙眼中間下方如圖位置，成為猴子鼻子。

⑤ 嘴巴

21
取紅色麵糰搓揉成細線。

22
切割出長1.2公分及短0.5公分線段各一條。

23
將0.5公分短線條黏於鼻子下方。

24
將1.2公分長線條橫向黏於短線條下方。

25
長線條兩端略微向上推。

26
利用牙籤在長短線條連結處壓出凹痕。

27

在黑色眼睛上刷上薄薄牛奶。

28

取白色麵糰搓揉出兩粒小點。

29

將兩顆小白色麵糰點在黑色眼睛處，輕輕壓開白色小麵糰。

30

取黑色麵糰搓揉出一條細線。

27

以黏土工具組的小刀截取中間兩條0.5公分左右的線段。

28

在猴賽雷的眼睛上方刷上牛奶。

29

將短的黑色線條利用牙籤固定在眼睛上方做眉毛。

30

猴賽雷饅頭完成！蒸前蒸後對比。

31

完成的猴賽雷饅頭置於蒸籠發酵，發酵完成以「不失敗蒸煮法則（請見P.20）」蒸製，出爐即成。

還可以這樣做！

加了蝴蝶結更可愛！

1

取1.5克紅色麵糰。

2

將紅色麵糰滾圓。

3

利用手指將小圓球推成圓柱體。

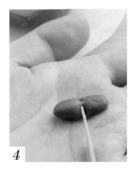

4
在圓柱體中間上下各切一道缺口。

5
利用塑膠小刀略微推出蝴蝶結形狀。

6
猴子頭部側邊刷上牛奶。

7
將蝴蝶結黏上。

8
利用黏土工具在蝴蝶結中間壓一個凹洞。

9
切口處推深，使蝴蝶結形狀更明顯。

Point 小訣竅

切口一定要再深推進，以免發酵後形狀消失。

10
取黑色麵糰搓揉出一條細線。

11
以黏土工具組的小刀截取中間兩條0.5公分左右的線段。

12
在猴賽雷妹妹的眼睛上方刷上牛奶。

13
將短的黑色線條利用牙籤固定在眼睛上方做眉毛。

蒸後

蒸前

14
猴賽雷妹妹完成！蒸前蒸後對比。

Maggie 貼心話！

今年是猴年，特別做了猴子兄妹應景！希望大家猴年行大運，諸事「猴賽雷」！

76

可愛迷人小刺蝟

Cute Hedgehog

難易度 Hard
♥♥♥♥♥♥

和真實刺蝟等比例大小的刺蝟饅頭，
是兒子最喜歡的一款造型饅頭。
真的刺蝟飼養起來，
需要特別悉心照料，
想要可愛又不想麻煩，
何妨動手來做一隻！
既好玩，又好吃！
一舉兩得，超划算！

✳ **材料 Ingredient**

白色麵糰80克
灰色麵糰50克
淡粉紅色麵糰15克
黑色麵糰1克
深灰色麵糰2克
椰棗乾適量

✳ **工具 Tool**

擀麵棍
牙籤
黏土工具組
小剪刀

Step by Step ▶ 做法

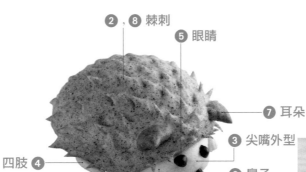

2、8 棘刺
5 眼睛
7 耳朵
3 尖嘴外型
6 鼻子
1 身體
四肢 4

1 身體

1
白色麵糰滾圓。

2
白色麵糰略微壓扁。

3
包入適量棗乾。

Point 小訣竅

任何果乾都可以，或是包入紅豆泥、綠豆泥、棗泥等。

4

包好果乾後收口捏緊。

5

再次滾圓備用。

6

將白麵糰置於饅頭紙上，利用雙手下方將麵糰壓成水滴狀備用。

❷ 棘刺

7

灰色麵糰滾圓。

8

將灰色麵糰保留頂端一小段，利用擀麵棍先將下方微微擀開。

Point 小訣竅

這裡使用的擀麵棍最好是沒有把手的，比較好操作。

9

再將擀麵棍調整成橫向，頂端以下擀至可以將白色麵糰包覆的大小。

10

將灰色麵糰有厚度的一端朝向白色麵糰尖角處往下1公分左右的距離，覆蓋於白色麵糰上方。

Point 小訣竅

有厚度的灰麵糰放在尖角處，千萬不能放錯位置！

11

用手指輕壓，將灰色麵糰黏於白色麵糰表面。

③ 尖嘴外型

12
取淡粉紅色麵糰3克滾圓，略微壓扁備用。

13
在白色麵糰尖角處擦上牛奶。

14
將淡粉色麵糰黏於白色麵糰尖角處。

15
用手指輕捏出尖嘴巴外型。

④ 四肢

16
取剩餘淡粉色麵糰，搓成細長條狀。

17
切割出4條約5公分長度的麵糰。

18
利用塑膠小刀在淡粉色麵條的一端分別切割三刀做出可愛腳趾。

19
用牙籤將淡粉色麵條固定在白色麵糰下方四周，做成刺蝟四肢。

⑤ 眼睛

20
在白色麵糰前端兩側擦上牛奶。

21
取黑色麵糰揉成綠豆大小。

22
將黑色小麵糰黏於白色麵糰兩側，做成刺蝟眼睛。

6 鼻子

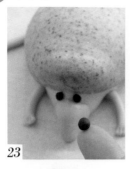

23

再取一顆比眼睛略大的黑色麵糰搓圓。

24

將黑色麵糰黏於淡粉色麵糰上方做刺蝟鼻子。

7 耳朵

25

取2克深灰色麵糰滾圓。

26

搓成紡錘狀。

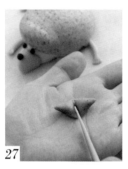

27

對切成兩半備用。

28

灰色麵糰較高處兩端擦上牛奶。

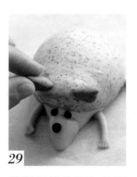

29

將對切後的深灰色三角形麵糰分別黏於頭部兩側做耳朵。

30

用黏土工具輕壓耳朵中間,使耳朵呈自然凹洞。

Point 小訣竅

這個工具只要輕壓就能使耳朵呈現自然的形狀。

8 棘刺

31

將小剪刀尖端朝向鼻子方向。

32

在灰色麵糰表面剪出尖刺。

Point 小訣竅

利用尖端翹起的修容剪刀,可以剪出美麗的刺蝟尖刺。剪尖刺時可略微剪長一些,蒸出來刺會比較明顯。

蒸後

蒸前

33

可愛迷人的刺蝟完成！蒸前蒸後對比。

34

完成的刺蝟置於蒸籠，以「不失敗蒸煮法則（請見P.20）」蒸製，出爐即成。

Maggie 貼心話！

1. 刺蝟並不容易做，但只要多一份耐心及細心，多試幾次，就能抓到竅門！美姬最初嘗試這款造型時，也有很多顆NG刺蝟，所以，沒什麼好怕的，動手做，就對了！成品做出來，一定能獲得小朋友們的驚聲尖叫！

2. 刺蝟剪尖刺一定不要怕剪太深，因為饅頭還要再發酵，剪得深，蒸出來才有長刺的效果。

3. 刺蝟的眼睛呈現球狀，按壓時要輕柔，黏住即可，千萬不可壓扁，否則蒸出來眼睛就不夠靈活了。

一圓兒子刺蝟夢

會做刺蝟，都是兒子的一句話！

「媽咪！我想養刺蝟！小刺蝟好可愛喲！」

可是照顧刺蝟，又要餵食、又要做一個窩，又怕生老病死讓孩子們傷心，最重要的是：刺蝟的味道並不好聞！

於是，與其餵養刺蝟，還不如自己做一隻。

「為母者強」這句話再真實不過了！兒子的一句話，激起了我的創造力，為了這隻刺蝟，我實驗了數次，失敗再失敗，努力再努力，終於做出比例協調、神情對味的刺蝟寶寶，看到兒子滿足的笑容，再辛苦也是值得的！！

PART___2

水果篇

超級仿真！

讓你食指大動的水果拼盤！

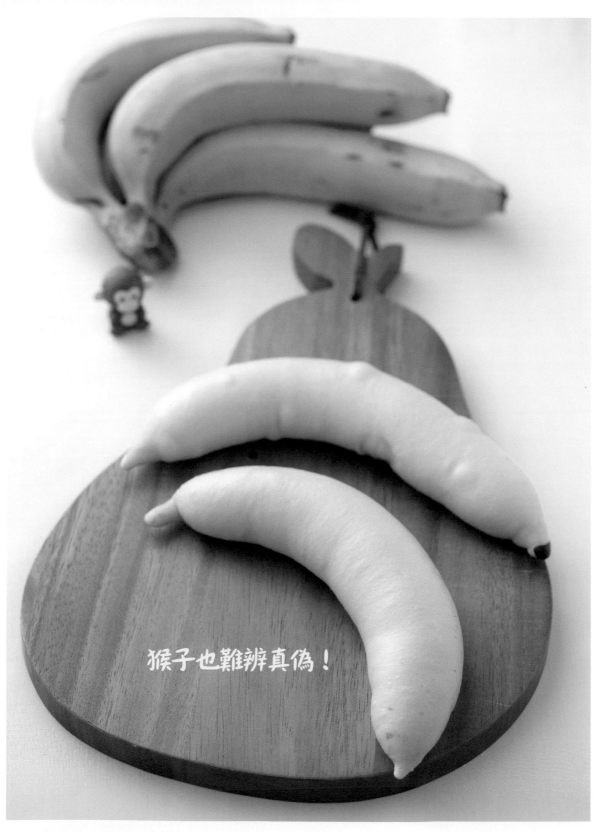

猴子也難辨真偽！

84

甜美的滋味，猴子也想搶

香甜可口的香蕉
So Delicious Bananas

難易度 *Hard*
♥ ♥ ♥ ♥

美味可口的香蕉，
黃澄澄的散發出誘人的香氣。
彎彎的造型，
天然的甜味，
讓人想大口咬下，
嗯！好滿足的滋味！

✽ 材料 *Ingredient*

白色麵糰30克
黃色麵糰20克
可可粉少許

✽ 工具 *Tool*

擀麵棍

Step by Step ▶ 做法

❸ 斑紋

❷ 香蕉皮

❶ 香蕉果肉

① 香蕉果肉

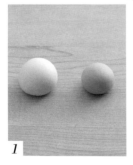

1

白色及黃色麵糰滾圓備用。

2

將白色麵糰搓揉成長約10公分的長條香蕉狀。

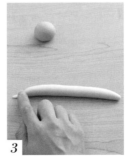

3

將香蕉的一端搓成果柄的柱狀。

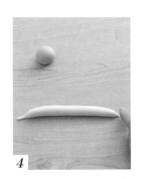

4

將香蕉的另一端搓成尖型。

② 香蕉皮

5

將黃色麵糰擀成橢圓形做成香蕉皮。

6

把香蕉放在橢圓形香蕉皮上。

7

以香蕉皮把香蕉包起來。

Point 小訣竅

香蕉皮必須把香蕉包緊，以免露餡。

8

果柄的部分也要以香蕉皮包起來。

9

將香蕉微微彎曲。

10

將香蕉置於饅頭紙上。

③ 香蕉果肉

11

以可可粉在香蕉皮上裝飾出略熟的斑紋。

Point 小訣竅

也可以抹茶粉塗在果柄上，讓香蕉看起來還未熟透的模樣。

蒸後

蒸前

12

美味可口的香蕉完成！蒸前蒸後對比。

13

完成的香蕉置於蒸籠，以「不失敗蒸煮法則（請見P.20）」蒸製，出爐即成。

Maggie 貼心話！

1. 如果把香蕉泥揉進麵糰裡，這香蕉就更有香蕉味了！

2. 有時間不妨把香蕉做成一串，到朋友家造訪，送「一串蕉」超有話題！

不只像而已，
還要充滿趣味驚喜！

大家都知道台灣是香蕉王國，美味的香蕉，是很多人最愛的水果之一。

我自己也很愛吃香蕉，有一天靈機一動，突然用麵糰做了一根香蕉。

當然只有外型像很容易做成，但我不安於現狀，把香蕉的白色果肉也做出來，再用黃色麵皮做出香蕉皮，成為名符其實的香蕉。真的可以剝皮來吃喲！

立體造型饅頭之於我，研發造型不只是求像，幾乎100%相仿，讓大家看不出真偽，突破大家的想像，把生活中的趣味驚喜帶給大家，才是我最終的目標！

超越韓國人參草莓，
魅力無法擋！

越冷越甜的好滋味

垂涎欲滴的草莓
Appetizing Strawberries

寒冷的冬天來臨了，
北風雖然張揚起來，
但是卻紅了草莓的臉！
天愈冷，草莓愈紅，
一整個讓人停不下口，
一顆接一顆……

難易度 Hard
♥♥♥♥♥♥♥

✖ 材料 *Ingredient*

紅色麵糰50克
綠色麵糰5克
蔓越莓果乾少許
熟白芝麻少許

✖ 工具 *Tool*

擀麵棍
黏土工具組
牙籤

Step by Step ▶ 做法

2 草莓蒂頭

1 草莓果肉

草莓種子 **3**

1 草莓果肉

1
紅色麵糰與綠色麵糰
滾圓備用。

2
紅色麵糰略微壓扁。

3
包入些許蔓越莓乾。

Point 小訣竅
像包包子般慢慢地將
蔓越莓乾包起來。

4

包好的麵糰收口要收緊。

5

收口朝下，將紅色麵糰滾圓。

6

將滾圓的麵糰以手掌塑型成上尖下圓的形狀。

7

將整好形的紅色麵糰置於饅頭紙上。

2 草莓蒂頭

8

綠色麵糰以擀麵棍擀平。

9

以黏土工具中的小刀切割成草莓蒂頭的樣子。

10

移除掉不需要的部分。

11

紅色麵糰圓形部位刷上牛奶。

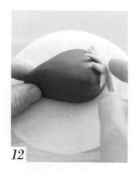

12

將綠色蒂頭麵糰黏貼上去。

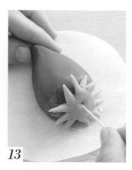

13

以牙籤將蒂頭中心壓出一個小洞。

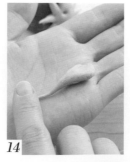

14

剛才剩下的綠色麵糰搓揉成糰後，搓揉出長條。

③ 草莓種子

Point 小訣竅

要取中間段，粗細較均勻。

15

以牙籤取綠色細條中間段約1公分。

16

以牙籤將線條塞入蒂頭上的小洞。

17

草莓身體刷上牛奶。

18

表面撒上白芝麻。

19

側邊以手指沾上些許白芝麻，均勻分布在草莓上。

蒸後

蒸前

20

垂涎欲滴的草莓完成。蒸前蒸後對比。

21

完成的草莓置於蒸籠，以「不失敗蒸煮法則（請見P.20）」蒸製，出爐即成。

Maggie 貼心話！

1. 草莓身上的點點是白芝麻，不是黑芝麻喲！

2. 內餡也可以包入草莓果醬，也別有一番風味。

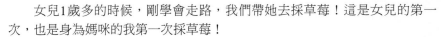

「踩」草莓

女兒1歲多的時候，剛學會走路，我們帶她去採草莓！這是女兒的第一次，也是身為媽咪的我第一次採草莓！

因為在內蒙古，沒有草莓這種水果，初次與草莓相遇，就宛如老公到內蒙古看到沙漠般興奮。一家人提著小籃子、拿著小剪刀直奔草莓田，滿心歡喜準備「採」草莓囉！

只見女兒一腳抬起，瞄準最大顆的草莓，狠狠地「踩」下去！當下，我和老公整個傻眼，女兒，是「採」草莓不是「踩」草莓啊！經過一番詳細說明，是要用「手採」不是用「腳踩」，女兒才漸漸明白。

事隔多年，每年的草莓季都會想到女兒當年的可愛模樣，孩子轉眼長大，天真可愛的年紀就短短幾年，可以陪伴照顧她們，真的是為人父母最大的幸福！

僅以這一顆顆的手做草莓饅頭，紀念女兒可愛的童年模樣！

91

酸溜甜蜜的
戀愛滋味

記得那段甜美的戀愛時光

黃澄澄的橘子
Glistening Yellow Tangerines

酸溜溜又甜滋滋的橘子，
就像是戀愛的滋味。
每次吃到橘子，
總會想起和老公談戀愛的那段甜蜜時光，
一份水果，一段浪漫回憶！

難易度 *Hard*
♥♥♥♥♥♥

✽ 材料 *Ingredient*

白色麵糰35克
橘色麵糰15克
綠色麵糰 1克
蔓越莓乾些許

✽ 工具 *Tool*

擀麵棍
黏土工具組
牙籤

Step by Step ▶ 做法

更可愛的橘子，
請見下一頁！

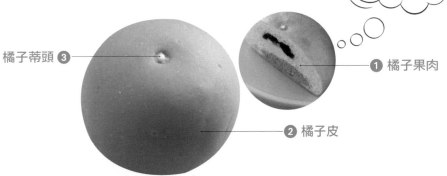

橘子蒂頭 ③
① 橘子果肉
② 橘子皮

① 橘子果肉

1

白色及橘色麵糰滾圓
備用。

2

白色麵糰略微壓扁。

3

包入蔓越莓乾。

Point 小訣竅

包入果乾後，收口一
定要收緊，以免發酵
後果乾外露。

4

收口朝下滾圓。

5

以雙手將滾圓的麵糰，用雙手底部略微推高。

6

以手指輕壓麵糰中間，使表面略扁。

② 橘子皮

7

橘色麵糰以擀麵棍擀成直徑約8.5公分的圓片。

8

將白色麵糰刷上牛奶。

Point 小訣竅

白色麵糰千萬不能忘了刷上牛奶，如果忘了刷，蒸好的饅頭會「果肉分離」。

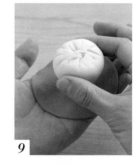

9

將白色麵糰擺放在橘色麵皮上方。

Point 小訣竅

白色麵糰收口一定要朝上！

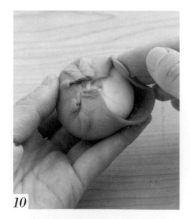

10

以橘子麵皮將白色麵糰包覆起來。

Point 小訣竅

白色麵糰收口朝上，才會與橘色麵皮的收口在同一個方向。

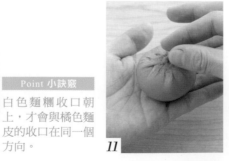

11

收口捏緊，以免發酵後蹦開。

12

收口朝下滾圓。

13

置於饅頭紙上。

Point 小訣竅
這時收口還是朝下的，
別放錯了！

14

以手指將橘子中間略
微壓扁，使其橘子形
狀更為明顯。

③ 橘子蒂頭

15

以黏土工具將橘子上
方戳一個小洞。

16

取一顆約芝麻大小的
綠色麵糰搓圓。

17

綠色圓麵糰塞入橘子
上方的小洞。

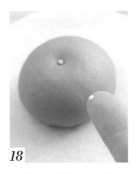

18

再取一顆約1/2芝麻
大小的白色麵糰搓
圓。

19

置於綠色麵糰上方。

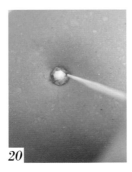

20

以牙籤製造出蒂頭的
輪廓。

21

黃澄澄的橘子完成！
蒸前蒸後對比。

22

完成的橘子置於蒸
籠，以「不失敗蒸煮
法則（請見P.20）」
蒸製，出爐即成。

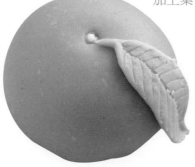

1

取1.5克綠色麵糰滾圓。

2

將綠色麵糰搓成兩頭尖的梭子形。

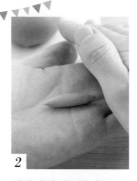

3

以擀麵棍擀平。

4

以牙籤畫出葉脈。

5

葉子的一端捲起，做成葉梗。

6

將葉子置於已完成的橘子上方，並以牙籤塞好。

蒸後

蒸前

7

加上葉子的橘子完成！蒸前蒸後對比。

Maggie 貼心話！

橘色麵糰怎麼做？

1

準備黃色麵糰23克、紅色麵糰12克。

2

兩色麵糰混在一起搓揉。

3

搓揉均勻後即成為橘色麵糰。

戀愛的橘子香氣

每次吃到酸酸甜甜的橘子，總會勾起我和先生戀愛的回憶。

我們在秋天相識，相戀的時候剛好進入柑橘盛產的冬季，下班後兩個人手牽手一起走到水果攤，精挑細選一包橙色誘人的橘子帶回宿舍，清洗好外皮後，急著剝開一顆，小小的房間橘子香氣滿溢。

先生不喜歡吃橘肉上的白色橘絡，我會幫他一絲一絲地把橘絡剝乾淨，（其實橘絡有通絡化痰等功效，去之可惜。）只留下光滑飽滿的橘子瓣。

一口咬下橘子果汁酸甜滿溢，再搭配情侶互相餵食的戲碼，現在回想起來都還會嘴角上揚。那時候我們物質上擁有的很少，但甜蜜幸福卻滿載，一種香氣，一份水果，記錄一段最動人甜蜜的歲月。

立體造型饅頭超創意吃法 Part 2

吃法 3 ♥ 沾果醬、巧克力

純淨的鮮奶饅頭和很多食材都可以做好朋友，不論是塗果醬或沾巧克力醬在小動物臉上，一口咬下盡是香甜好味道！

吃法 4 ♥ 午茶派對好搭檔

好友派對、下午茶、野餐、露營，可愛的立體造型饅頭都是方便攜帶，健康天然，又增加趣味的好食物。

●立體造型饅頭超創意吃法 Part 1 請見 P.69

好玩好吃又好看！

多汁的大西瓜
Juicy Watermelon

難易度 Hard
♥♥♥♥♥♥♥

夏天到了，
最想吃塊甜度爆表、
鮮甜多汁的大西瓜！
冰鎮過後一剖開，
讓人迫不及待，
大口咬下，
消暑度破表！
我愛夏天！
我愛大西瓜！

✽ 材料 *Ingredient*

紅色麵糰30克
綠色麵糰20克
黑色麵糰10克
熟黑芝麻

✽ 工具 *Tool*

擀麵棍
黏土工具組

Step by Step ▶ 做法

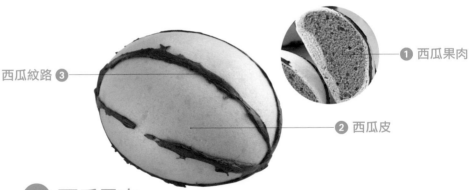

西瓜紋路 ❸

❶ 西瓜果肉

❷ 西瓜皮

---

❶ 西瓜果肉

1
將紅色及綠色麵糰滾圓備用。

2
將紅色麵糰壓平，並加入少許黑芝麻。

3
加入黑芝麻的紅色麵糰反覆搓揉，使黑芝麻均勻分布。

4
繼續將紅色麵糰推揉成橢圓形。

❷ 西瓜皮

5

將綠色麵糰擀成直徑約10公分的麵皮。

6

將布滿黑芝麻的紅色麵糰置於綠色麵皮之上。

7

用綠色麵皮將紅色麵糰包起來。

Point 小訣竅

綠色麵皮要將紅色麵糰整個包覆，接口處要密合。

❸ 西瓜紋路

8

麵糰接口處在下，並慢慢滾成橢圓形呈西瓜外形。

9

滾成橢圓的西瓜麵糰置於饅頭紙上。

10

取黑色麵糰搓揉成約0.5公分寬的長條狀。

11

以擀麵棍將黑長條擀平。

Point 小訣竅

滾成橢圓的目的除了讓接口密合，同時也讓西瓜的造型更為明顯。

12

並以黏土工具刮出西瓜皮上的鋸齒狀線條。

Point 小訣竅

利用這個工具，可以製造出鋸齒狀的線條感。

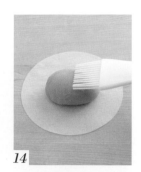

13

以黏土工具中的刀子切出5條約8公分長的線條。

14

在西瓜麵糰上刷上牛奶。

Point 小訣竅
這5條黑線的兩端要
集中。

15
將鋸齒狀的黑線條逐
一黏貼在西瓜上。

蒸後

蒸前

16
多汁的大西瓜完成，
蒸前蒸後對比。

17
完成的西瓜置於蒸
籠，以「不失敗蒸煮
法則（請見P.20）」
蒸製，出爐即成。

Maggie 貼心話！

把紅色麵糰換成黃色，把橢圓形換成圓形，
就成了小玉西瓜！也是相當討喜的作品。

西瓜，有趣的作品！

　　之前烘焙界非常流行西瓜吐司，美
姬自己也做過，抹茶外皮，搭配火龍果果
肉做成的西瓜瓤，造型非常討喜，讓人忍
不住一片接一片。吐司可以做成西瓜的模
樣，饅頭當然也可以！

　　做成西瓜造型的鮮奶饅頭，加入紅
麴、黑芝麻，非常養生，低糖、低油，健
康又有趣！

白雪公主也忍不住
咬一口！

平平安安，甜甜蜜蜜

童話世界的紅蘋果
Fairy-Tale World of Red Apple

難易度 Hard
♥♥♥♥♥♥♥

「天天一蘋果，醫生遠離我」，
蘋果是四季皆有的好水果，
不論是台灣省產的蜜蘋果，
還是國外進口的五爪蘋果、日本蘋果……
口感滋味都是一極棒！
就連童話故事中的白雪公主，
也禁不住誘惑，忍不住咬一口，
自己動手做的蘋果造型饅頭，模樣討喜，
口感細緻，一點都不輸新鮮的紅蘋果喲！

✱ 材料 Ingredient

白色麵糰35克
紅色麵糰15克
棕色麵糰 1克
蔓越莓乾些許

✱ 工具 Tool

擀麵棍
黏土工具組
牙籤

Step by Step ▶做法

❸ 蘋果蒂頭　❶ 蘋果果肉

❷ 蘋果皮

更可愛的蘋果，請見下一頁！

1
白色及紅色麵糰滾圓備用。

❶ 蘋果果肉

2
白色麵糰略微壓扁。

3
包入蔓越莓乾。

Point 小訣竅
包入果乾後，收口一定要收緊，以免發酵後果乾外露。

4
收口朝下滾圓。

② 蘋果果皮

5

以雙手將滾圓的麵糰搓揉成像熱氣球狀的上圓下窄的圓柱體。

6

將白色麵糰刷上牛奶。

Point 小訣竅

白色麵糰千萬不能忘了刷上牛奶，如果忘了刷，蒸好的饅頭會「果肉分離」。

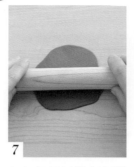

7

紅色麵糰以擀麵棍擀成直徑約9公分的圓片。

8

將白色麵糰擺放在紅色麵皮上方。

Point 小訣竅

白色麵糰收口一定要朝上！

③ 蘋果蒂頭

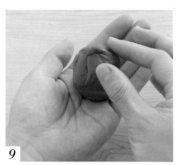

9

以紅色麵皮將白色麵糰包覆起來。

10

收口朝下滾圓。

11

置於饅頭紙上，並以黏土工具將蘋果上方戳一個小洞。

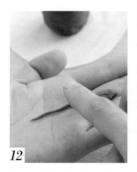

12

取一顆約黃豆大小的咖啡色麵糰搓成長線條。

13

以牙籤取咖啡色線條中間段約0.5公分。

Point 小訣竅

將其中一頭略微搓細。

14

以牙籤將較細的一頭塞入蒂頭上的小洞。

15

蒸後

蒸前

童話故事的紅蘋果完成。蒸前蒸後對比。

16

完成的紅蘋果置於蒸籠，以「不失敗蒸煮法則（請見P.20）」蒸製，出爐即成。

加上葉子，蘋果就像現摘的！

1 取1.5克綠色麵糰滾圓。

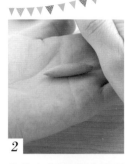

2 將綠色麵糰搓成兩頭尖的梭子形。

3 以擀麵棍擀平。

4 以牙籤畫出葉脈。

5 葉子的一端捲起，做成葉梗。

6 將葉子置於已完成的蘋果上方，並以牙籤塞好。

蒸後

蒸前

7 加上葉子的蘋果完成。蒸前蒸後對比。

Maggie 貼心話！

1. 蘋果內餡可以加入蘋果果醬，也別有一番滋味。

2. 白色的果肉一定要塗上牛奶，使得蘋果外皮能與果肉黏牢，最後蒸時外皮才能飽滿，否則很容易產生氣泡。

蘋果 平平安安 甜甜蜜蜜

會做蘋果饅頭，其實是為了圓朋友的心願。

朋友說，一到過年，總想給她最愛的好友們最誠摯的祝福。但，總不知要怎樣表達心意。我左思右想，決定動手做顆蘋果。

蘋果因為有平平安安、甜甜蜜蜜的意涵，年節送禮，經常是許多人的首選。因此，若是過年過節時收到蘋果饅頭，應該都會心花怒放吧！

蘋果，從發想到完成，我嘗試不下數十次，失敗的作品讓我挫折連連，因為一直抓不到原因，所以做出來的成品，不是氣泡，就是扁塌，但是，蘋果的意喻實在太好，為了滿足朋友的心願，我一再實驗，有一回竟然還通宵做了近上百顆失敗的蘋果作品，但，就在天透出亮光的一剎那，一鍋成功的蘋果饅頭終於出爐！

謹以蘋果衷心祝福所有的朋友，平平安安，甜甜蜜蜜！

PART___3

可愛
造型篇

太可愛了！怎麼辦？！

撒花加尖叫的可愛造型饅頭！

超級卡哇伊！
一整個愛不釋手！

給家人充滿愛意的早餐
愛心饅頭
Heart In Your Hands

難易度 *Hard*
♥♥

早晨起來，
拿起一顆顆愛心饅頭，
為我所愛的家人，
做一頓早餐，
雖然簡單，
卻是我用愛心，
做出充滿愛意的早餐！

✽ 材料 *Ingredient*

白色麵糰55克

✽ 工具 *Tool*

黏土工具組

Step by Step ▶ 做法

❷ 開口

❶ 尖型

更可愛的愛心饅頭，
請見下一頁！

❶ 尖型

1 將白色麵糰滾圓。

2 滾圓好的麵糰置於饅頭紙上。

3 將滾圓的麵糰下方捏成尖型。

109

② 開口

4

以黏土工具組的小刀在上方切一個約2公分的開口。

5

以雙手將麵糰塑成心型。

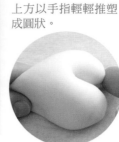

Point 小訣竅

上方以手指輕輕推塑成圓狀。

6

拉開兩邊的距離。

7

以黏土工具組的小刀再將心型開口壓深。

Point 小訣竅

在最後把開口加深,蒸好後心型才會更明顯。

8

愛心饅頭完成!蒸前蒸後對比。

蒸後

蒸前

9

完成的愛心饅頭置於蒸籠,以「不失敗蒸煮法則(請見P.20)」蒸製,出爐即成。

還可以這樣做！

在愛心上裝飾小愛心，一整個萌得不得了！

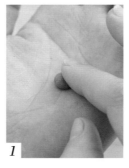

1

以紅麴粉調成的粉紅色麵糰，取黃豆般大小。

2

一端搓成尖型，呈水滴狀。

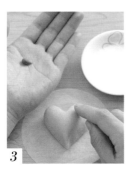

3

大愛心上方沾點牛奶。

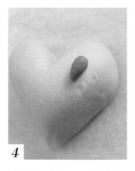

4

小愛心麵糰置於大愛心上頭。

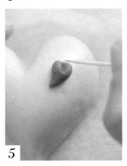

5

以牙籤在水滴上方壓出凹痕。

6

最後以手指輕壓，讓小愛心固定於大愛心上頭，輕鬆完成。

Maggie 貼心話！

1. 愛心饅頭不是做得愈大愈好，恰恰好的大小，才顯得可愛。

2. 愛心的開口要深，發酵後才能維持心型的形狀。

3. 顏色上讀者可以自行調配，深配淺、淺搭深，大愛心上加上一顆、兩顆小愛心都可以，發揮自己的創意，送給最心愛的人，就是一份禮輕情意重的禮物。

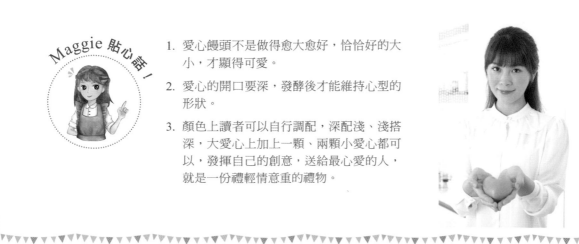

繽紛十足！
讓人停不下嘴！

112

低糖 低油 非油炸
甜蜜蜜的甜甜圈
Sweet Donuts

難易度 Hard
♥♥

最喜歡吃甜甜圈了！
各式各樣的口味，
迷人的造型，
實在令人停不了嘴。
不過甜甜圈實在很甜，
各種色素也讓人望之卻步，
自己用麵糰來做甜甜圈饅頭，
好吃好玩又沒負擔！

✽ 材料 *Ingredient*

粉紅色麵糰48克

✽ 工具 *Tool*

黏土工具組

Step by Step ▶做法

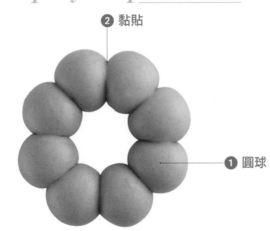

❷ 黏貼

❶ 圓球

❶ 圓球

1
粉紅色麵糰滾圓備用。

2
將麵糰搓成長條狀。

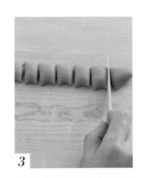

3
以黏土工具組小刀切成8等份小麵糰。

4

每一等份小麵糰重6克。

5

將小麵糰滾圓成小圓球。

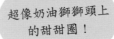
超像奶油獅獅頭上的甜甜圈！

② 黏貼

6

將小圓球置於饅頭紙上排列成圓形。

每顆圓球要確保都接觸到，發酵後才能固定。

蒸後

蒸前

7

甜蜜蜜的甜甜圈完成！蒸前蒸後對比。

8

完成的甜甜圈置於蒸籠，以「不失敗蒸煮法則（請見P.20）」蒸製，出爐即成。

Maggie 貼心話！

1. 甜甜圈非常容易做，讀者也可以利用P.13的彩色麵糰教學法，做出各色甜甜圈，就可以開場甜甜圈Party了。

2. 這款有趣又簡單的造型饅頭，是寶貝早餐和派對非常受歡迎的品項。媽咪們馬上動手做看吧！

記憶中的香甜滋味

　　我總認為人一生最愛吃的食物，深受小時候的飲食習慣影響。

　　我媽媽是山東人，專精於各類麵點：饅頭、包子、水餃、餡餅、手工麵等，無不拿手。

　　小時候常看媽媽隨手挖起一碗麵粉，加點水和一和，三兩下就揉好糰麵，包一包就是好吃的包子。北方人經常把包子當正餐，小孩子們總是愛吃甜，媽媽會在包包子時幫我們姐弟三人多包幾個糖三角做點心。

　　那時一知道媽媽要做糖三角，我們姐弟三人總愛圍在大鍋子旁，著急地等待熱騰騰的糖三角出爐。不時問媽媽：蒸好了沒？蒸好了沒？起鍋後也不管還燙著，一人趕著搶上一顆，等不及吃正餐就開始吃糖三角。一口咬下，扎實的手工麵皮配上濃濃的黑糖內餡，是童年最甜美的味道。

　　糖三角之於我，一如甜甜圈之於我的兩個孩子，愛吃糖的年紀，總受不了甜甜圈的誘惑，但市售的甜甜圈，不是太甜，就是顏色過於鮮豔，於是，我動手做起絕對天然安全的甜甜圈饅頭，當甜甜圈饅頭蒸出爐時，在氤氳的水汽中，又彷彿回到我的小時候，記憶中的媽媽味，就是人間美味。

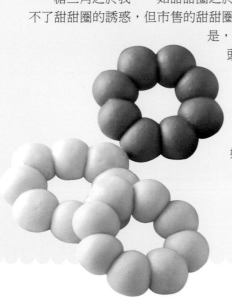

　　也希望藉由這款甜甜圈饅頭，為兒子女兒留下，他們記憶中的媽媽味！

大口咬下荷包蛋
Big Bite Fried Egg

荷包蛋超級有營養，
但是吃多了對身體有負擔！
別擔心，
來顆沒有膽固醇的荷包蛋，
連吃 5 顆也不怕！

難易度 *Hard*
♥♥

Step by Step ▶做法

❷ 蛋黃

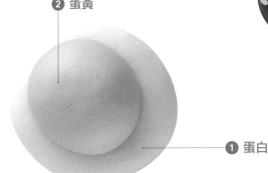

❶ 蛋白

Maggie 貼心話！

荷包蛋加上五官和
四肢，就可以變成
懶洋洋的荷包蛋娃
娃，大家可以發揮
巧思，讓荷包蛋更
有生命力！

❶ 蛋白

1
黃色、白色麵糰滾圓
備用。

2
將白色麵糰以擀麵棍
擀平，做成蛋白。

3
將蛋白麵糰置於饅頭
紙上備用。

❷ 蛋黃

4
將滾圓的黃色麵糰以
手指輕壓成橢圓形，
做成蛋黃。

5
將蛋黃置於蛋白上方。

蒸後

蒸前

6
可以大口咬下的荷包
蛋饅頭完成！蒸前蒸
後對比。

7
完成的荷包蛋饅頭置於
蒸籠，以「不失敗蒸煮
法則（請見P.20）」蒸
製，出爐即成。

可以和毛小孩一起享用的快樂早餐

軟綿綿的狗骨頭
Soft Bones

難易度 *Hard*
♥♥

超可愛的狗骨頭，
好想一口咬下。
軟綿綿、幼咪咪，
實在忍不住啦！
大口咬下，
哇！好滿足！
小心家裡的毛小孩，
看到也想跟你搶哦！

❋ 材料 *Ingredient*
白色麵糰56克

❋ 工具 *Tool*
黏土工具組

Step by Step ▶ 做法

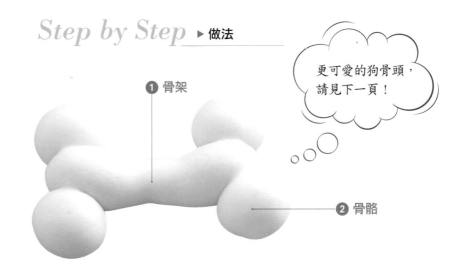

❶ 骨架

❷ 骨骼

更可愛的狗骨頭，請見下一頁！

1 將白色麵糰滾圓。

2 滾圓好的麵糰搓成長條狀。

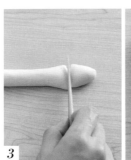

3 長條麵糰切出4塊麵糰，每塊麵糰8克。

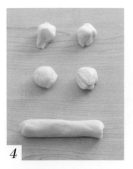

4

剩餘的24克長條麵糰
與4塊麵糰置於桌面。

5

4塊麵糰滾圓置於一
旁備用。

❶ 骨架

6

長條麵糰置於桌面慢
慢搓成細長形。

7

將手指置於長條麵糰
中間慢慢搓細。

--- Point 小訣竅 ---
指力要輕一點，避免搓
得過細。

❷ 骨骼

8

將長麵糰置於饅頭紙
上，把4個圓麵糰組
合在兩端。

9

軟綿綿的狗骨頭饅頭
完成！蒸前蒸後對
比。

蒸後

蒸前

10

完成的狗骨頭饅頭置於蒸籠，
以「不失敗蒸煮法則（請見
P.20）」蒸製，出爐即成。

1

取紅色麵糰5克，置於手中搓成長條。

2

以牙籤取出一段。

3

置於骨架上做成英文字I。

4

取紅豆大小的紅色麵糰，依P.111做成愛心模樣。

Point 小訣竅

愛心的尾巴可以做成略彎的模樣，增加俏皮感。

5

再將紅色麵糰搓長，做成英文字Dog。

6

軟綿綿的狗骨頭加字版完成！

Maggie 貼心話！

1. 狗骨頭的比例要抓好，4顆圓球置於中間主幹的兩端，其位置水平，才有骨頭的形狀。

2. 4顆圓球與中間主幹接黏處，可以刷上一點牛奶增加黏性。

3. 狗骨頭饅頭可以做好幾種尺寸，有大有小，擺在一起很有趣，還可以跟家裡的毛小孩一起搶食！

4. 可以和P.38的「狗狗小茶」饅頭一起做，造型更有趣！

新的一天有無數驚奇待發現

魔法小精靈
Magic Elf

難易度 Hard

♥♥

神奇的魔法小精靈在我家！
東找找、西藏藏，
小精靈在哪裡？
在那裡、在這裡，
小精靈別跑別跑，
讓我跟著你，
去發現生活裡的無數驚奇！

看我魔法
變變變！

✱ 材料 Ingredient

黑色麵糰55克
白色麵糰1克

Step by Step ▶ 做法

❶ 臉部

❷ 眼睛

❶ 臉部

1

黑色麵糰滾圓成黑球
備用。

2 眼睛

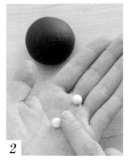

2

取兩顆比黃豆略大的白色麵糰滾圓成小白球。

3

把黑球置於饅頭紙上。

4

刷上些許牛奶。

Point 小訣竅

牛奶只要薄薄一層即可。

5

將滾圓的小白球置於黑球上方。

6

以手指將小白球略微壓扁,做成眼白。

7

再取約半顆綠豆大小的黑色麵糰滾圓成小黑球。

8

在眼白刷上牛奶。

9

將小黑球黏貼於眼白上方,做成眼睛。

10

以手指將眼睛略壓,呈現靈動的眼神。

11

魔法小精靈饅頭完成!蒸前蒸後對比。

蒸後

蒸前

12

完成的小精靈饅頭置於蒸籠,以「不失敗蒸煮法則(請見P.20)」蒸製,出爐即成。

Maggie 貼心話!

也可以將小精靈做成白色的,更有魔幻感。

走！我們去森林裡
採蘑菇吧！

森林小蘑菇
Mushroom In Forest

難易度 *Hard*

♥♥

春神來了，百花齊放，
森林裡東一朵西一朵的小蘑菇，
紛紛冒出頭來。
拿起小籃，
我們一起走入春天，
採「蘑菇」去！

✿ 材料 *Ingredient*

紅色麵糰45克
白色麵糰5克
淡黃色麵糰10克

更可愛的小蘑菇，
請見下一頁！

Step by Step ▶ 做法

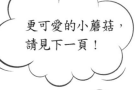

① 蘑菇頭

③ 疣點

蕈柄 ②

1 蘑菇頭

1
紅色麵糰滾圓，白色
麵糰、淡黃色麵糰揉
成條狀備用。

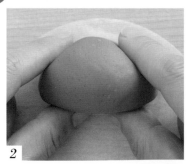

2
將紅色麵糰置於饅頭紙上，並略
壓成半圓形，呈蘑菇頭狀。

② 蕈柄

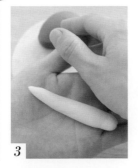

3

淡黃色麵糰搓成長條，使其呈上細下粗的模樣。

4

將淡黃色長條細的那頭，壓在蘑菇頭下方。

③ 疣點

5

白色麵糰搓成粗約0.8公分細線。

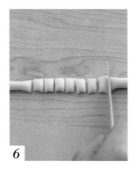

6

將白細線切成0.7公分寬大小，約6～7顆的小白色麵糰。

7

小白色麵糰滾圓成小白圓球備用。

8

在蘑菇頭刷上牛奶。

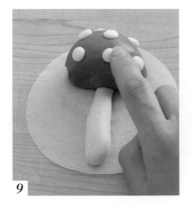

9

將小白圓球黏在上頭。

蒸後

蒸前

10

蘑菇完成！蒸前蒸後對比！

11

完成的蘑菇置於蒸籠，以「不失敗蒸煮法則（請見P.20）」蒸製，出爐即成。

Maggie 貼心話！

1. 蘑菇頭與蕈柄之間容易斷裂，因此蘑菇頭不要做得過大，以免蕈柄支撐不易。

2. 蕈柄要做成上細下粗的短肥模樣，蘑菇造型才會更加逼真。

3. 蘑菇頭上方的點點，要分散均勻，切勿過於集中。

還可以這樣做！

除了紅蘑菇，也可以做成咖啡色蘑菇，甚至是顏色鮮豔的彩色蘑菇。真正的彩色蘑菇有毒，自己做的彩色蘑菇趣味十足，還美味可口！

冷凍饅頭 3 大加熱法！

　　饅頭做好蒸熟時，是最佳賞味期，但被冰在冰箱或凍在冷凍庫的饅頭，又該怎麼處理，才能吃到有如現蒸般的綿密口感呢？Maggie教大家3種方法，不論用哪一種，都能吃到熱騰騰、香Q十足的立體造型饅頭哦！

① 蒸籠加熱

Step1　將饅頭紙放在下方。

Step2　不需解凍，以中大火蒸 15 分鐘。

Step3　蒸好後，讓饅頭繼續放在蒸籠裡燜 5 分鐘後再開蓋，立體造型饅頭表面會更滑溜。

② 電鍋加熱

Step1　將饅頭紙放在下方。

Step2　電鍋加入半杯水。

Step3　不需解凍，直接將饅頭放入，電鍋跳起後，務必再燜 5 分鐘。

Step4　好吃的饅頭出爐了。

③ 微波加熱

Step1　將饅頭紙墊在下方，饅頭表面灑些水。

Step2　蓋上微波蓋，以防止水蒸氣流失。

Step3　用 850 瓦，微波 40 秒；或用 1100 瓦，微波 30 秒。若微波後仍不熱，可再加熱 5 秒。請勿一次加熱過久，否則饅頭會變硬。

下午茶低卡新選擇！

優雅美麗的山茶花

Beautiful Camellia

難易度 Hard

♥♥♥♥

春天是百花齊放的季節，
餐桌上怎麼可以沒有花朵裝飾？
用一片片麵糰，
以愛心、耐心，
組合成一朵朵山茶花，
或白、或粉、或紅，
為下午茶的餐桌，
增添些許浪漫的春意！

✳ 材料 Ingredient

白色麵糰56克

✳ 工具 Tool

擀麵棍
黏土工具組

Step by Step ▶ 做法

❶ 花心

❷ 花瓣

1

把白麵糰搓成長條。

2

將長條麵糰切割成大大小小約15份。

3

將15份麵糰搓圓。

4

以擀麵棍將圓麵糰擀平。

① 花心

5

取最小片的麵皮做花心的部分，以手指將麵皮捲起。

② 花瓣

6

以花心為中心點，逐一將麵皮由小到大捲起。

Point 小訣竅

越大片的麵糰，做成外層的花瓣，以手指輕壓，就能黏住。

蒸後

蒸前

7

優雅美麗的山茶花饅頭完成！蒸前蒸後對比。

8

完成的山茶花饅頭置於蒸籠，以「不失敗蒸煮法則（請見P.20）」蒸製，出爐即成。

Maggie 貼心話！

1. 山茶花饅頭可以運用P.13的調色法，做出顏色鮮豔的各色山茶花。

2. 如果把花瓣擀得更大片，並且包得更緊密，就可以做成含苞待放的玫瑰花。讀者可以發揮自己的創意，做出各種花朵，為家裡增添優美氣息。

健康美味的薯條！
要吃的喊：右！

好吃到停不下嘴的薯條

Yummy French Fries

▲▲▲

▼▼▼

難易度 *Hard*

♥♥♥♥

一根根的薯條好涮嘴，
可是油滋滋的好怕胖。
咦！有了！
來做薯條饅頭吧！
有長、有短的薯條，
裝入紅盒子中，
好吃，又不怕胖！
吃再多也不怕！

✻ 材料 *Ingredient*

黃色麵糰30克
紅色麵糰20克

✻ 工具 *Tool*

擀麵棍
黏土工具組
牙籤

Step by Step ▶ 做法

❶ 薯條

外盒裝飾 ❸

❷ 外盒

1

紅色、黃色麵糰滾圓
備用。

❶ 薯條

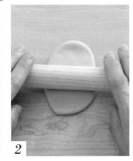

2

黃色麵糰擀平。

3

將擀好的黃色麵糰挪成橫向，
用塑膠小刀將麵糰切成0.8公
分寬的直條，成薯條狀。

❷ 外盒

4

紅色麵糰擀成橢圓形
麵皮。

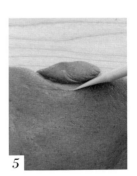

5

將紅色麵皮轉成橫
向，切割出半圓形缺
口。

131

6

切割下來的紅色半圓麵皮放一旁備用。

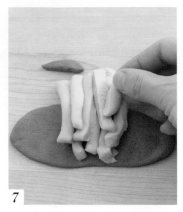

7

將切成條狀的黃色麵糰（薯條）擺在已切過半圓的紅麵皮（盒身）上。

Point 小訣竅

薯條要堆疊在盒身的中央位置，並且有高有低地擺放，以製造出薯條長短不一的感覺。

8

用兩邊紅色麵皮把薯條包覆起來。

Point 小訣竅

兩邊麵皮要黏緊，以免薯條外露。

9

將之前切下的半圓拿來當成薯條盒的底部。

Point 小訣竅

用底部麵皮相互黏緊，做出完整的紅色外盒。

❸ 外盒裝飾

10

取一條黃色麵糰，搓揉成細長條狀。

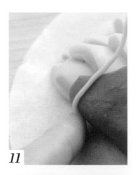

11

以牙籤取約10公分長黃色麵條，自盒子邊緣開始黏起。

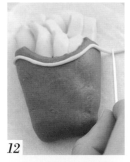

12

黏至盒子另一端後切斷，完成盒子裝飾。

蒸後

蒸前

13

好吃的薯條完成！蒸前蒸後對比。

14

完成的薯條置於蒸籠，以「不失敗蒸煮法則（請見P.20）」蒸製，出爐即成。

還可以這樣做！

為薯條盒加笑臉，可愛度破百！

1

取一塊小黃色麵糰滾圓。

2

將麵糰黏貼在盒身上頭，略微壓扁。

3

黑色麵糰取芝麻大小，滾圓後當成笑臉眼睛。

4

黑色麵糰搓成長條，以牙籤取約0.8公分長的黑線。

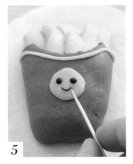

5

將黑線置於黃色麵糰上方，當成笑臉嘴巴。

Maggie 貼心話！

薯條外盒還可以加上英文字母，自製成速食店的薯條盒樣。

為孩子存下 健康的骨本

我算是年輕媽媽，23歲就生了寶貝女兒。

當媽媽之前，我只會煮泡麵，三餐都需要先生外送回來。

小朋友進入副食品階段後，是我真正下廚的開始！

真的是當了媽媽之後，我才開始學做女人。

很希望孩子們長大離家後會懷念媽媽的家常菜，而不是速食店的食物！

今天我是
漂亮小公主！

134

女孩兒們最愛的可食飾品

迷人的蝴蝶結

Charming Bow

難易度 Hard
♥♥♥♥

拿起一塊麵糰，
隨心所欲，
揉揉、捏捏、壓壓、擠擠，
一個蝴蝶結的造型就出來了！
咦！今天想當公主嗎？
將蝴蝶結戴在頭上，
穿起我最愛的 T 恤，
準備快樂出遊去！

✲ 材料 *Ingredient*

紅色麵糰50克
白色麵糰5克
蔓越莓果乾些許

✲ 工具 *Tool*

擀麵棍
刮板
黏土工具組
牙籤

Step by Step ▶ 做法

❷ 中間結　　❶ 蝶翼
❹ 塑型
裝飾 ❸

❶ 蝶翼

1
紅白麵糰搓長、蔓越
莓乾備好。

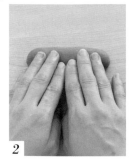

2
紅色麵糰搓成約10公
分的長條狀。

3
紅長條中間以手指輕
揉出凹痕。

4

以擀麵棍將兩端擀平。

需擀成尾端略寬的片
狀。中間仍維持原有的
高度，不需擀平。

5

以刮板將紅色麵片取
起。

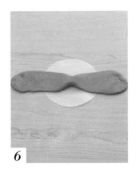

6

置於饅頭紙上。

7

將蔓越莓乾置於紅色
麵片上方。

② 中間結

8

將蔓越莓乾包起，使
其呈蝴蝶結狀。

包起的四周要壓緊，以
免內餡露出。

9

將蝴蝶結轉面，收口
朝下。

10

將紅色麵糰搓成長條。

11

以擀麵棍擀平。

12

以黏土工具小刀取一
段約3公分長線段。

13

置於蝴蝶結中間。

上下兩端要捏緊，做出
立體的效果。

③ 裝飾

14

取白色麵糰搓成長條。

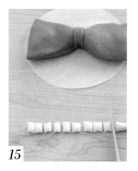

15

切出約7、8個1公分大小小麵糰。

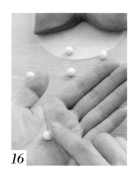

16

每個小麵糰揉圓,成為白圓球。

17

蝴蝶結表面刷上牛奶。

Point 小訣竅

牛奶只要薄薄一層即可。

④ 塑型

18

將白色圓球黏在蝴蝶結上做裝飾。

19

以黏土工具的小刀將兩旁的蝴蝶結往中間壓出皺摺,製造出立體感。

20

迷人的蝴蝶結饅頭完成!蒸前蒸後對比。

21

完成的蝴蝶結置於蒸籠,以「不失敗蒸煮法則(請見P.20)」蒸製,出爐即成。

Maggie 貼心話!

1. 蝴蝶結饅頭的內餡可依各人喜好替換。

2. 這個蝴蝶結饅頭非常好看,女兒最喜歡拿來邊吃邊玩。如果做小一點,換個顏色,也可以當成男生的領結,一樣有趣!大家來發揮創意吧!

午夜 12 點的魔法不要停

萬聖節的南瓜秀
Halloween Pumpkin Party

難易度 *Hard*
♥♥♥♥

每到萬聖節，
最不能錯過的，就是南瓜了！
各式造型的南瓜，
豐富了萬聖節的 Party，
也淡化了妖魔鬼怪的恐怖感。
在「不給糖就搗蛋」的笑聲中，
窗前的那盞南瓜燈，
正彷彿微笑著，
感受著這一年一度的歡樂氣氛！

✽ 材料 *Ingredient*

橘色麵糰48克
綠色麵糰3克
咖啡色麵糰3克

✽ 工具 *Tool*

擀麵棍
黏土工具組
牙籤

Step by Step ▶ 做法

南瓜主體 ❶

眼睛 ❷

嘴巴 ❸

❹ 蒂頭

❺ 細莖

---

❶ 南瓜主體

1

橘色麵糰滾圓備用。

2

橘色麵糰置於饅頭紙上。

3

以黏土工具組的小刀，在橘色麵糰上畫上8刀。

Point 小訣竅

可以用牙籤將切痕加深，以免發酵後切痕消失。

4

咖啡色麵糰搓成長條狀。

5

以擀麵棍擀平成約0.5公分寬的線條。

6

以黏土工具組中的小刀,取咖啡色線條的中間線段,約2公分長。

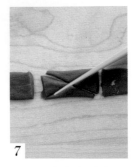

7

2公分長的咖啡色線條以對角線斜切2刀。

> **Point 小訣竅**
>
> 對角線斜切2刀,會造成2組對等的三角形,取其中較小的對等三角形,當成南瓜的眼睛。

8

再以小刀切出一個小三角形,當成南瓜的鼻子。

> **Point 小訣竅**
>
> 南瓜鼻子的大小,約是眼睛的1/4。

9

南瓜刷上一層薄薄的牛奶。

10

以牙籤取起南瓜人眼睛。

3 嘴巴

11

將眼睛置於南瓜人身上。

> **Point 小訣竅**
>
> 眼睛不需壓扁。

12

以牙籤取起南瓜人鼻子,貼於兩眼中間略下方的位置。

13

取咖啡色麵糰搓成長條線段。

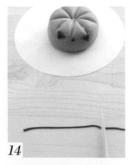

14

取咖啡線條中間段約7.5公分。

④ 蒂頭

15
以手和牙籤，將咖啡色線條取起。手壓住線條一端，以波浪狀沾黏上去，做成南瓜人嘴巴。

16
以牙籤將嘴巴的另一端固定住。

17
取一小塊綠色麵糰滾圓。

18
將滾圓的綠色麵糰搓長呈上細下粗的長形水滴狀，做成南瓜蒂頭。

⑤ 細莖

19
粗的蒂頭置於南瓜頂上。

20
細的蒂頭做成彎曲狀。

21
取綠色麵糰搓出約6公分長的線條。

22
以牙籤將線條挑起。

23
將南瓜細莖置於蒂頭上，以牙籤將其塞緊，防止脫落。

24
以手指將細莖繞成彎曲狀。

25
萬聖節的南瓜秀完成！蒸前蒸後對比。

26
完成的南瓜置於蒸籠，以「不失敗蒸煮法則（請見P.20）」蒸製，出爐即成。

Maggie 貼心話！

南瓜造型或可愛、或恐怖，取決於眼睛的形狀、三角形的位置，還有嘴巴的形狀，大家不妨試著做看看屬於自己的南瓜娃娃。

送上我最誠摯
的心意！

禮輕情意重
甜在心頭的禮物
Lovable Gift

難易度 *Hard*
♥♥♥♥

簡單的饅頭，
加上一點裝飾，
質感立馬升級。
簡單的步驟、
立體的造型，
我把一顆顆美麗的饅頭，
當成禮物，
送給心愛的妳／你。

✽ 材料 *Ingredient*

黃色麵糰50克
紅色麵糰10克
棗乾少許

✽ 工具 *Tool*

擀麵棍
黏土工具組
牙籤

Step by Step ▶ 做法

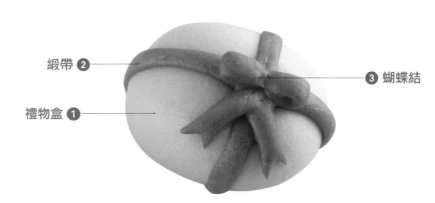

緞帶 ❷
禮物盒 ❶
❸ 蝴蝶結

❶ 禮物盒

1
黃色麵糰滾圓備用。

2
將黃色麵糰用手略微壓扁。

3
壓扁的黃色麵糰擺上適量的棗乾。

4

以包包子的方法將棗乾包起。

5

包好後，收口收好。

6

將包好棗乾的黃色麵糰收口置於下方。

7

將黃色麵糰捏成長方體。

❷ 緞帶

8

長方體兩旁以手指整型，使其成禮物狀。

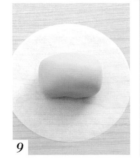

9

將整好的黃色禮物置於饅頭紙上。

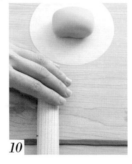

10

將紅色麵糰搓成寬約0.5公分、長約15公分的長條，置於桌面，並以擀麵棍擀平。

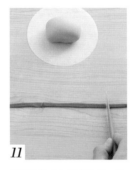

11

將紅色長條切成9公分、6公分各一的紅長線。

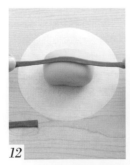

12

將約9公分的紅長線置於黃色長方體的長邊。

Point 小訣竅

兩邊要將線頭藏好，輕壓使其固定。

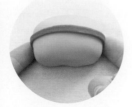

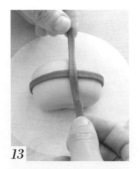

13

將約6公分的紅長線置於黃色長方體的短邊。

3 蝴蝶結

14

再將紅色麵糰揉成長條，擀平後，切出1條5公分（蝴蝶結主體）及2條4公分（蝴蝶結緞帶）長的紅線。

15

以牙籤將5公分的長紅線取出，將左右邊對摺回中間靠攏，做成蝴蝶結樣。

16

將蝴蝶結主體置於禮物上方兩線的交叉處。

Point 小訣竅

以牙籤將蝴蝶結主體的中間與兩線的交叉處壓緊，以免鬆脫。

17

2條4公分長的蝴蝶結緞帶尾端以黏土工具小刀切掉一個三角形。

18

將緞帶黏貼在蝴蝶結主體下方。

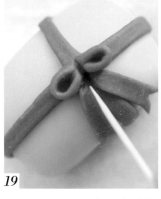

19

以牙籤將緞帶頭塞入夾縫中。

蒸後

蒸前

20

甜在心頭的禮物完成！蒸前蒸後對比。

21

完成的禮物置於蒸籠，以「不失敗蒸煮法則（請見P.20）」蒸製，出爐即成。

Maggie 貼心話！

1. 禮物裡面的棗乾也可以換成自己喜歡的材料，如紅豆泥、核桃或起司塊。

2. 樸實的饅頭，加上一點創意，就可以變成禮物送給好朋友。吃饅頭再也不無聊！

敲出完美的一擊！

擊出生命中的紅不讓
棒球大聯盟
Major League Baseball

難易度 *Hard*
♥♥♥♥♥♥♥

棒球大聯盟是齣老少咸宜的卡通，
裡面的男主角為了自己的夢想，
不斷練習。即使右手受了傷，
仍不氣餒地練習左手投球，
歷經重重的考驗，
終於站上美國的大聯盟舞台。
您也有屬於自己的夢想嗎？
不要怕！勇敢向前，
為自己的人生，打出漂亮的一擊！

✳ 材料 *Ingredient*

白色麵糰 50克
紅色麵糰 10克

✳ 工具 *Tool*

牙籤

Step by Step ▶ 做法

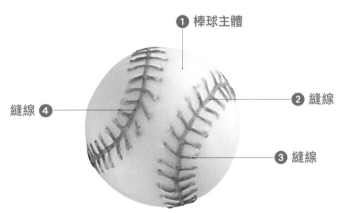

❶ 棒球主體
❷ 縫線
❸ 縫線
縫線 ❹

① 棒球主體

1
把白色麵糰滾圓備用。

2
滾圓的白色麵糰由底部往上堆高，成一白球狀。

3
白球移入饅頭紙，刷上牛奶，置於一旁備用。

② 縫線

4

滾圓的紅色麵糰慢慢搓成兩條約9公分長的細線。

5

將紅線置於白球右半邊的1/3處，紅線自底部逐漸往上繞起。

> **Point 小訣竅**
>
> 需用手指將底部的紅線輕壓，讓紅線黏在底部，方便後續的繞球動作。

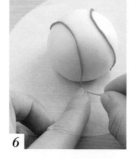

6

紅線繞到側邊後收入，以手指略壓線條，將紅線條固定於球底。

③ 縫線

7

剩餘的紅色麵糰繼續搓成細長線，截取約40條0.8公分長度的紅細線。

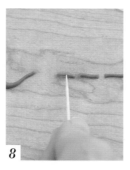

8

以牙籤從紅細線的中間挑起。

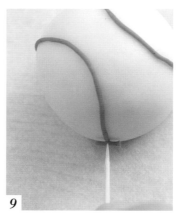

9

壓於已繞在白球的紅線上。

> **Point 小訣竅**
>
> 線頭兩端略微往下壓，製造出自然的縫線感。

10

兩邊以牙籤略壓固定，使其呈V字形。

④ 縫線

11

將棒球轉過頭，繼續重複5～10的步驟。

蒸後

蒸前

12

棒球大聯盟完成！蒸前蒸後對比！

13

完成的棒球置於蒸籠，以「不失敗蒸煮法則（請見P.20）」蒸製，出爐即成。

一樣棒球，兩樣縫法

　　如果有家人或朋友是棒球選手或球迷，那麼做這款棒球造型饅頭送給他，必定令他元氣滿滿，驚叫連連！

　　真實棒球每一顆都是手工縫製而成，外皮是由兩張8字形的的牛皮縫製，需耗用一百零八針完成一顆棒球的縫製，多一針球體將凸起；少一針則球體會凹陷，每一針都需要手工縫製。

　　棒球造型饅頭雖不用這麼多針，但同樣需要極大的耐心與專注，要先搓出兩條如棒球車線粗細的紅色線條環繞於表面，再切出四十幾段0.5公分左右的短線條橫向黏上去，並用牙籤壓出縫線的效果，紅色線條順向完成後再逆向黏出一條，鮮豔的線條布滿球面時，一顆可以食用的「棒球」就出現了。

　　用好吃的棒球造型饅頭為喜愛棒球的他加油，把我們的愛和鼓勵都放在紅色線條裡，一定可以幫助他們輕鬆打出紅不讓的好球！

最溫馨祝福，
獻給遠方的你！

冬季戀歌小雪人

遠方的好友 別來無恙

Make a Snowman in Winter

難易度 *Hard*
♥♥♥♥♥♥♥

飄雪了，
雪花漫天飛舞，
讓我想起那年的我們，
也在這樣雪花紛飛的日子，
秉燭夜談、徹夜狂歡……，
如今分隔兩地，
遠方的你，
別來可無恙？

❋ 材料 *Ingredient*

白色麵糰約55克
紅色麵糰約5克
橘色麵糰約1克
黑色麵糰約1克
綠色麵糰約2克
紅麴粉少許

❋ 工具 *Tool*

擀麵棍
黏土工具組
牙籤

Step by Step ▶ 做法

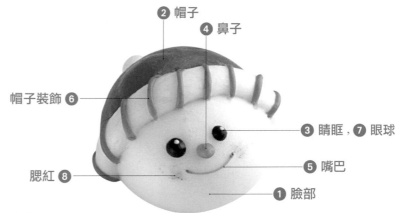

- ❷ 帽子
- ❹ 鼻子
- 帽子裝飾 ❻
- ❸ 睛眶，❼ 眼球
- ❺ 嘴巴
- 腮紅 ❽
- ❶ 臉部

❶ 臉部

1
取48克白色麵糰滾圓
做頭部主體。

2
將主體麵糰輕捏成橢
圓狀。

3
將頭部主體麵糰置於
饅頭紙上備用。

2 帽子

4

取5克紅色麵糰。

5

紅色麵糰滾成小圓球備用。

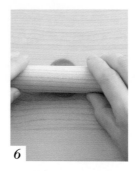

6

小圓球以擀麵棍先向上擀開。

7

再左右擀開。

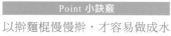

8

將小圓球擀成水滴形狀。

Point 小訣竅

以擀麵棍慢慢擀，才容易做成水滴狀。

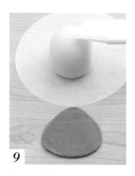

9

在白色麵糰上刷上牛奶。

10

將紅色水滴黏於主體麵糰上方1/3處做雪人帽子。

11

輕拉帽子兩側與主麵糰黏緊。

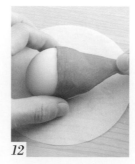

12

紅色麵糰頂部略微拉長。

Point 小訣竅

輕拉即可，不要太用力，以免扯斷。

13

將頂部捏緊呈尖角狀。

14

取約4克白色麵糰搓成條狀。

15

黏於紅色麵糰與主題麵糰的接口處做帽簷。

16

手指輕壓兩頭固定。

③ 眼眶

17

取一小塊白色麵糰滾成白色小球。

18

黏於帽子頂端。

19

在主體麵糰臉部刷上牛奶。

20

搓兩顆綠豆大小的黑色麵糰做眼睛。

21

將黑色麵糰黏在眼睛處。

22

略微壓扁固定。

4 鼻子

23

取一小塊橙色麵糰滾圓。

24

將橙色麵糰一頭推尖，做成鼻子。

25

將橘色小鼻子黏於兩眼中間。

5 嘴巴

26

取橘色麵糰搓揉成細線。

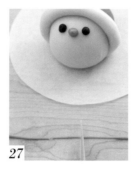

27

取1.5公分左右的長度。

28

用牙籤輔助固定在鼻子下方做嘴巴。

Point 小訣竅

嘴巴兩端以牙籤略微點壓，以固定位置，不易脫落。

6 帽子裝飾

29

取綠色麵糰搓揉成細線。

30

切出9段1公分左右的短線條。

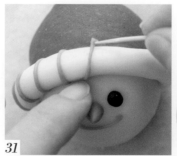

31

以牙籤輔助黏於帽子白色帽簷處。

Point 小訣竅

以牙籤固定綠色線頭兩端防止脫落。

7 眼球

32

在黑色眼睛處刷上薄薄牛奶。

33

取2顆白色麵糰搓揉成小點，黏於黑色眼睛上，讓雪人眼睛更有神。

8 腮紅

34

用手指沾取少量紅麴粉，擦在嘴角處做雪人腮紅。

蒸後

蒸前

35

冬季戀歌小雪人饅頭完成！蒸前蒸後對比。

36

完成的小雪人置於蒸籠發酵，發酵完成以「不失敗蒸煮法則（請見P.20）」蒸製，出爐即成。

Maggie 貼心話！

1. 綠色線條可黏成斜線，帽子更可愛哦！

2. 讀者可以發揮創意，再做一顆圓球，加上手腳，圍條圍巾，做成有身體的雪人，一定會讓小朋友歡呼連連喲！

COOK50152

卡哇伊立體造型饅頭

零模具、無添加、不塌陷 創意饅頭全攻略

國家圖書館出版品
預行編目資料

卡哇伊立體造型饅頭——零模具、
無添加、不塌陷 創意饅頭全攻略
王美姬著 --初版.--台北市：
朱雀文化，2016.06
面； 公分,--（Cook50；152）
ISBN 978-986-93213-0-3 （平裝）
1.點心食譜 2.饅頭

427.16

作者｜王美姬 (Maggie)

攝影｜林宗億

美術設計｜See_U Design

編輯｜劉曉甄

校對｜連玉瑩

行銷｜石欣平

企劃統籌｜李橘

總編輯｜莫少閒

出版者｜朱雀文化事業有限公司

地址｜台北市基隆路二段13-1號3樓

電話｜02-2345-3868

傳真｜02-2345-3828

劃撥帳號｜19234566朱雀文化事業有限公司

e-mail｜redbook@ms26.hinet.net

網址｜http://redbook.com.tw

總經銷｜大和書報圖書股份有限公司（02）8990-2588

ISBN｜978-986-93213-0-3

初版八刷｜2020.05

定價｜新台幣380元

出版登記北市業字第1403號
全書圖文未經同意，不得轉載和翻印

About買書：

●朱雀文化圖書在北中南各書店及誠品、金石堂、何嘉仁等連鎖書店均有販售，如欲購買本公司圖書，建議你直接詢問書店店員。如果書店已售完，請撥本公司電話（02）2345-3868。

●●至朱雀文化網站購書（http://redbook.com.tw），可享85折起優惠。

●●●至郵局劃撥（戶名：朱雀文化事業有限公司，帳號19234566），掛號寄書不加郵資，4本以下無折扣，5～9本95折，10本以上9折優惠。